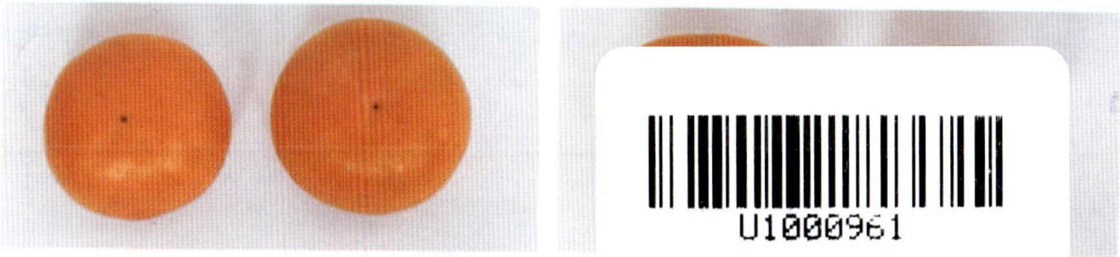

图1-1　上西

图1-2　次郎

图1-3　阳丰

图1-4　太秋

图1-5　富有

图1-6　磨盘柿

图1-7　富平尖柿

图1-8　干帽盔

图1-9　菏泽镜面柿

图1-10　绵瓤柿

图1-11　橘蜜柿

图1-12　恭城水柿

图1-13　永定红柿

图1-14　南通小方柿

图1-15　兰溪大红柿

图2-2　柿花（1.雌花　2.雄花　3.雄花枝）

图2-3　柿树的物候期（1.休眠期 2.萌动期 3.发芽期 4.展叶期 5.开花期 6.果实成熟期）

图6-1　成枝角小易劈裂

图6-2　枯枝与隐芽（1.下部枝枯死　2.隐芽萌发状）

图6-4　开花结果习性（1.发育枝　2.结果母枝　3.结果枝　4.花）

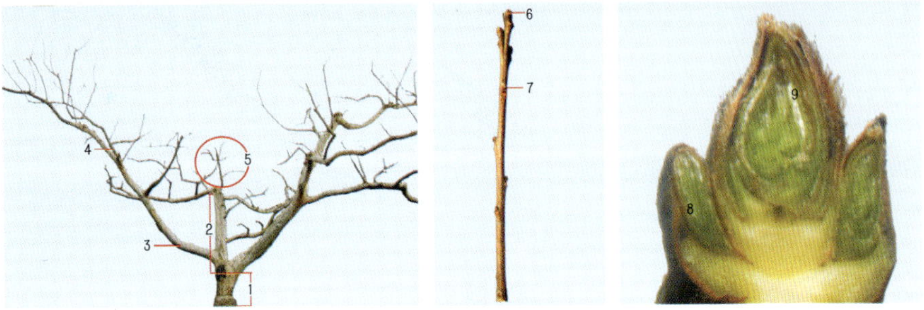

图6-5　树体的相关名称

（1.主干　2.领导干　3.主枝　4.侧枝　5.结果枝组　6.伪顶芽　7.侧芽　8.副芽　9.主芽）

图8-1　采收

图8-2　分级流水线之去劣

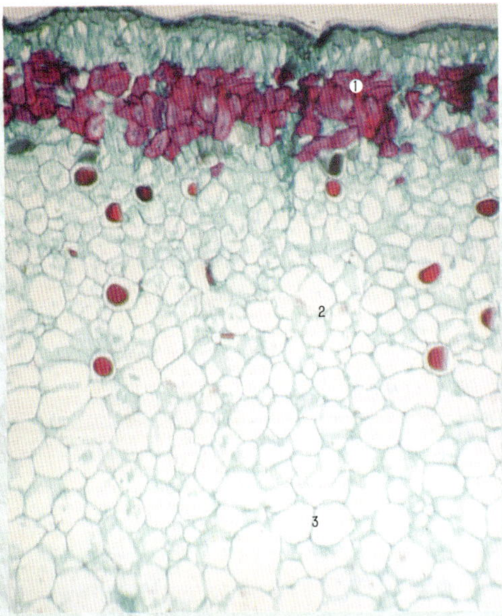

图8-3　果实横切面

（1.果皮　2.普通果肉细胞　3.单宁细胞）

图8-4　二氧化碳脱涩装置

图8-5　用乙烯利处理

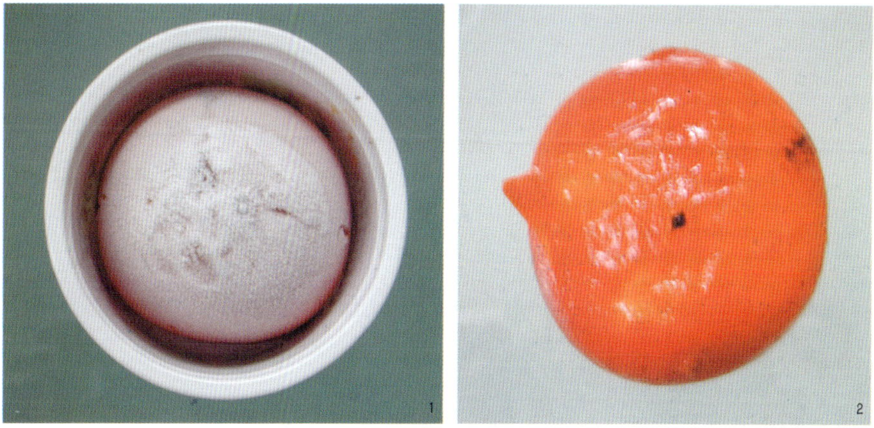

图8-6　冷冻贮藏（1.冷冻的柿果　2.解冻后）

图8-7　削皮与工具（1.削皮刀　2.削皮　3、4、5.削皮机）

图8-8 晾晒（1.平晒 2.挂晒）

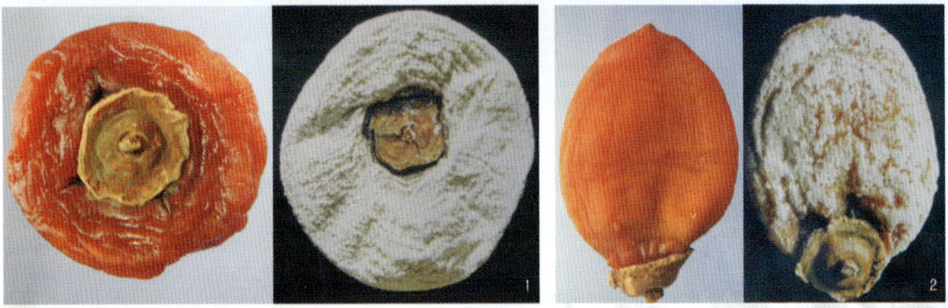

图8-9 柿饼形状（1.饼形 2.桃形）

图8-10 其他加工品-1（1.柿酒 2.柿醋 3.柿蜜 4.鲜柿酱）

图8-11　其他加工品-2（1.柿脯　2.柿叶茶　3.柿脆片　4.柿软片　5.柿酥片）

图8-12　再加工产品（1.柿糕片　2.桂花白糖柿子饼　3.油炸柿面饼）

图9-1　柿角斑病

图9-2　柿圆斑病

图9-3　柿炭疽病（1.枝上病斑　2.叶上病斑　3.果上病斑）

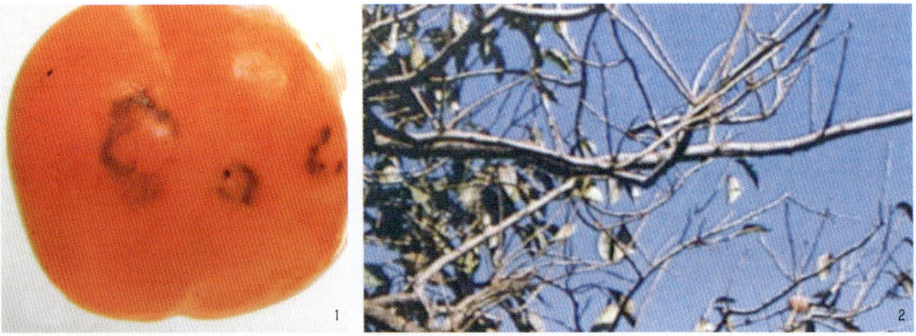

图9-4　柿疯病（1.病果　2.病树局部）

图9-5　柿白粉病（1.初期病斑　2.后期病斑）

图9-6　柿叶枯病

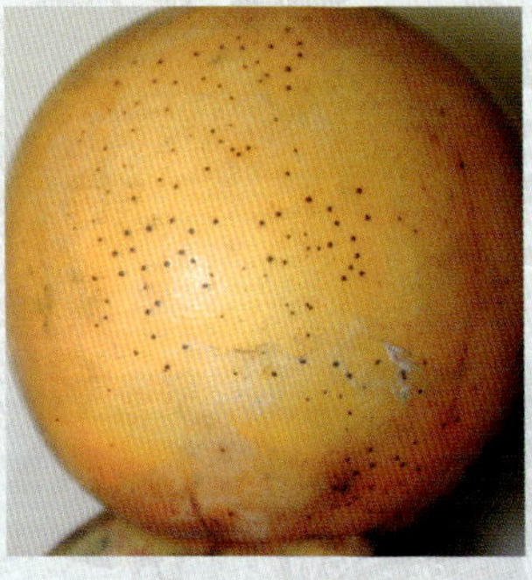

图9-7　蝇粪病

图9-8　柿灰霉病

图9-9　柿根瘤病

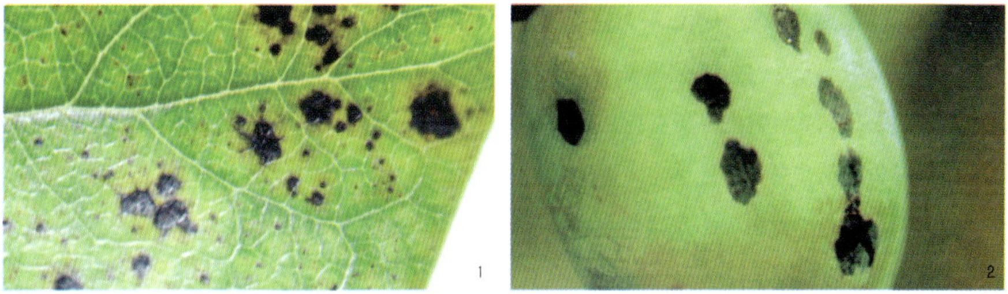

图9-10　柿黑星病（1.叶上病斑　2.果上病斑）

图9-11　日灼症（1.叶面被日灼　2.果面被日灼）

图9-12　柿蒂虫（1.柿蒂虫幼虫　2.被害果）

图9-13　桃蛀螟（1.成虫　2.幼虫）

图9-14　血斑叶蝉（1.成虫　2.危害状）

图9-15　柿绵蚧
（1.危害叶片　2.危害果实）

图9-16　柿粉蚧（1.雌成虫　2.卵囊）

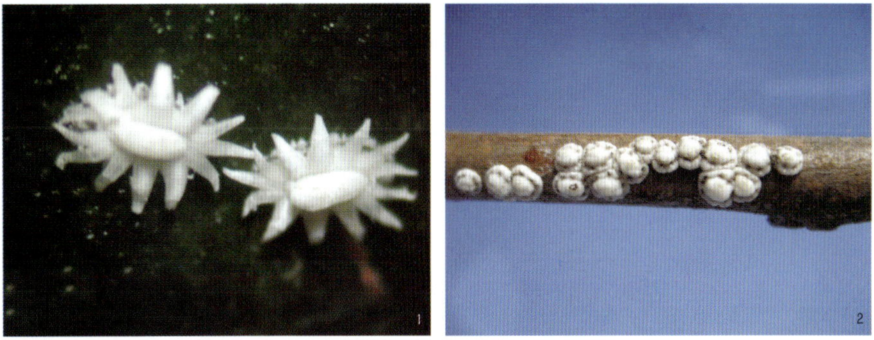

图9-17　龟蜡蚧（1.雄蚧　2.雌蚧）

图9-18　苹梢鹰夜蛾（1.危害状　2.体色不同的幼虫）

图9-19　日本双棘长蠹（1.危害状　2.成虫）

图9-20 其他害虫

(1.草履蚧 2.茶翅蝽 3.大蓑蛾 4.黄刺蛾 5.黄尾毒蛾 6.小青花金龟 7.咖啡木蠹蛾 8.细须螨 9.黑蓟马 10.大青叶蝉)

科技服务林改实用技术丛书

国家林业局科学技术司 主持

国家出版基金项目
NATIONAL PUBLICATION FOUNDATION

柿优质丰产栽培实用技术

龚榜初　王仁梓　杨　勇　编著

中国林业出版社

图书在版编目(CIP)数据

柿优质丰产栽培实用技术 / 龚榜初,王仁梓,杨勇编著. —北京:中国林业出版社, 2011.1

(科技服务林改实用技术丛书)

ISBN 978-7-5038-6034-8

Ⅰ. ①柿… Ⅱ. ①龚… ②王… ③杨… Ⅲ. ①柿-果树园艺 Ⅳ. ①S665.2

中国版本图书馆 CIP 数据核字 (2010) 第 247279 号

责任编辑: 张 锴 刘家玲 周军见

出　版: 中国林业出版社 (100009 北京西城区德内大街刘海胡同 7 号)

E-mail: wildlife_cfph@163.com　**电话**: (010) 83225764

发　行: 新华书店北京发行所

印　刷: 北京昌平百善印刷厂

版　次: 2011 年 1 月第 1 版

印　次: 2011 年 1 月第 1 次

开　本: 850mm×1168mm 1/32

印　张: 3.75

彩　插: 12P

字　数: 101 千字

印　数: 5000 册

定　价: 10.00 元

“科技服务林改实用技术”丛书

编辑委员会

《柿优质丰产栽培实用技术》

编　著　龚榜初　王仁梓　杨　勇

序

我国山区面积占国土面积的69%，山区人口占全国人口的56%，全国76%的贫困人口分布在山区，山区农民脱贫致富已成为建设社会主义新农村的重点和难点。

山区发展，潜力在山，希望在林。全国43亿亩林业用地和4万多个高等物种主要分布在山区。对林地和物种的有效开发利用，既可以获得巨大的生态效益，又可以获得巨大的经济效益。特别是随着经济社会的快速发展和消费结构的变化，林产品以天然绿色的优势备受人们青睐，人们对林产品的需求急剧增长，林产品市场价值不断提升。加快林业发展，发挥山区的优势与潜力，对于促进山区农民脱贫致富，破解“三农”难题，推进新农村建设，建设生态文明，具有十分重大的战略意义。

我国林业蕴藏的巨大潜力之所以长期没有充分发挥出来，重要原因在于经营管理粗放、科技含量低。当前，世界林业发达国家的林业科技贡献率已高达70%～80%，而我国林业科技贡献率仅35.4%。特别是我国林业科技推广工作相对薄弱，大量林业科技成果未被广大林农掌握。加强林业科技推广，把科学技术真正送到广大林农手里，切实运用到具体实践中，已经成为转变林业发展方式、提高林地产出率、增加农民收入的紧迫任务。

实践证明，许多林业科技成果特别是林业实用技术具有易操作、见效快的特点，一旦被林农掌握，就会变成现实生产力，显著提高林产品产量，显著增加林农收入，深受广大林农群众的欢迎。浙江省安吉市的农民在种植竹笋时，通过砻糠覆盖技术，既提早了竹笋上市时间，又提高了竹笋品质，还延长了销售周期，使农民收入大幅增加。我国的油茶过去由于品种老化、经营粗放等原因，每亩产量只有3～5千克，近年来通过推广新品种和新技术，每亩产量提高到30～50千克，效益提高了10倍。据统计，目前我国林业科技成果已有5 000多项，但在较大范围内推广应用的不多。如果将这些林业科技成果推广应用到生产实践中，必将释放出林业的巨大潜力，产生显著的经济效益，为林农群众开拓出更多更好的致富门路。

近年来，国家林业局科学技术司坚持为林农提供高效优质科技服务的宗旨，开展送科技下乡等一系列活动，取得了显著成效。为适应集体林权制度改革的新形势，满足广大林农对林业科技的需求，他们又组织专家编写了“科技服务林改实用技术”丛书，这是一件大好事。这套丛书以实用技术为主，收录了主要用材林、经济林、花卉、竹子、珍贵树种、能源树种的栽培管理以及重大病虫害防治技术。丛书图文并茂、深入浅出、通俗易懂、易于操作，将成为广大林农和基层林业技术人员的得力帮手。

做好林业实用技术推广工作意义重大。希望林业科技部门不断总结经验，紧密围绕林农群众关心的科技问题，继续加强研究和推广工作；希望广大林业科技工作者和科技推广人员，增强全心全意为林农群众服务的责任心和使命感，锐意进取，埋头苦干，不断扩大科技推广成果；希望广大林农群众树立相信科技、依靠科技的意识，努力学科技、用科技，不断提高科技素质，不断增强依靠科技发家致富的本领。我相信，通过各方面共同努力，林业实用技术一定能够发挥独特作用，一定能够为山区经济发展、社会主义新农村建设做出更大贡献。

贾治邦

2010年10月

前　言

柿原产我国，素有“木本粮食”、“铁杆庄稼”的美称，在全国22个省、自治区、直辖市有栽培。柿果除鲜食外，柿饼、柿酒、柿片等也是人人喜爱的产品。柿在我国山区经济发展中起着非常重要的作用。

我国柿产量和面积均为世界第一，特别近10多年来发展迅速。但我国柿栽培管理十分粗放，柿果品质普遍不高，柿的效益没有得到充分发挥。为了提高柿的栽培管理水平和商品价值，增加山区农民收入，由中国林业科学研究院亚热带林业研究所龚榜初研究员牵头，与王仁梓研究员、杨勇研究员共同编著了这本《柿优质丰产栽培实用技术》。作者根据自身多年科研成果和生产实践经验，并参阅国内外有关柿树最近栽培技术资料，以图文并茂的形式介绍了柿优良品种、生物学特性、繁殖技术、柿园建立、土肥水管理、整形与修剪、花果管理、采收贮藏和加工、病虫害防治等，力求达到通俗易懂、易于掌握的目的。本书适合基层农林业科技推广人员、广大果农学习使用，也可供农业院校师生阅读参考。由于作者水平有限及各地自然条件、耕作习惯不同，书中缺点和错误在所难免，敬请读者批评指正。

编著者

2010年10月

目 录

◆序
◆前言
◆概　述 /1
◆第一章 柿主要优良品种/4
一、甜柿品种/4
二、名优涩柿品种/7
◆第二章 生物学特性/13
一、根/13
二、枝条与叶片/14
三、开花结果/16
四、果实/17
五、物候期/18
◆第三章 柿繁殖技术/19
一、砧木苗的培育/19
二、嫁接苗培育/24
三、苗木出圃/28
◆第四章 柿园建立/30
一、柿树对环境条件的要求/30
二、园地的选择/33
三、柿园栽植技术/36

◆第五章 柿园土、肥、水管理/38
一、柿园土壤管理/38
二、柿园科学施肥/39
三、柿园的地膜覆盖穴贮肥水技术/43
◆第六章 柿树整形与修剪技术/46
一、柿树特性与修剪/46
二、与修剪有关的名称和基本技法/49
三、柿树整形/52
四、柿树的修剪/56
◆第七章 花果管理技术/61
一、生理落果原因/61
二、保花保果措施/62
三、疏花疏果/63
◆第八章 柿果采收贮藏及加工/65
一、采收、分级与包装/65
二、脱涩/67
三、贮藏保鲜/69
四、加工/71
◆第九章 柿主要病虫害防治/77
一、主要病害/77
二、主要害虫/88
附录 柿树周年栽培管理农事历/104
主要参考文献 /107

概　述

一、柿的经济价值

柿原产于我国，有 2 000 年以上的栽培历史。柿适应性强，耐干旱瘠薄，在山地、丘陵、平原、河滩；肥土、瘠地；黏土、沙地都能生长；素有“木本粮食”、“铁杆庄稼”的美称。柿树树形优美，叶大荫浓，秋霜叶红，果实鲜艳，有较长的观赏期，是优良的庭院观赏绿化树种。柿树木材结构细而均匀，质重而坚硬，有“乌木”之称。其耐腐性强、耐磨损，适宜车旋，油漆和胶黏性能好，钉着力强，适于作纺织工业用材、器具、细木工艺、建材、纤维原料等。

柿果营养丰富，据中国林业科学研究院亚热带林业研究所分析，每100克鲜果肉中含可溶性糖10～14克，蛋白质0.57～0.88克，脂肪0.2～0.3克，维生素B_1 0.02毫克，维生素B_2 0.05毫克，维生素B_5 0.65～0.96毫克，维生素E 0.22毫克，维生素C 50～122毫克；还含有18种氨基酸、膳食纤维及磷、钾、钙、镁、铁、锌、硒、碘等多种人体必需的矿物质元素，特别是钾、钙、铁、锌、硒的含量明显高于一些大众水果。

柿果除鲜食外，还可加工成柿饼、柿酒、柿醋、柿片等。柿具润肺、清热、止咳、解毒等多种医疗保健功能，幼果可以用于提取单宁等生理活性成分，柿叶可用于制作保健茶，柿蒂、柿果、柿根均为中医常用药物。现代医学研究证明，食用柿果及其加工品，对提高人体免疫力、预防心脑血管疾病、促进消化和防止便秘，以及美容护肤等均有明显功效。柿除食品和营养品等用途外，从柿中提取的单宁常用作防水剂、防腐剂、涂料、染料和化妆品的原料，如在日本柿单宁被广泛用作清酒澄清剂、除臭剂和涂料，在韩国用于加工化妆品的底料；此外，柿单宁在放射性核废料的无害化处理、电子垃圾中贵金属的高效回收、工业和生活污水的生物净化，以及旱地农业中的水分吸收和保持等领域均有广阔的应用前景。

二、国内外生产概况

柿树的栽培以中国、日本和韩国最多。日本的柿树栽培面积为2.8 万公顷，年产鲜果稳定在30 万吨左右，成为日本面积第五、产量第四的主栽果树，其中甜柿占60%，主栽品种为富有和次郎甜柿及涩柿品种平核无、刀根早生，单产控制在700 ~ 1 000 千克/亩（1 亩 =1/15 公顷，下同），果品质量高，销售量占总产量的比例稳定在 80%，日本国内平均售价为折合人民币 12 ~ 20 元/千克，出口柿果价格居世界第一位。韩国柿园面积 3 万公顷，年产量 26.1 万吨，甜柿占 99%，面积和产量均居韩国果树第三位，主栽品种为富有，柿果以内销为主。2000 年以后，每年约有 4 000 多吨甜柿果出口到东南亚国家或地区，包括中国香港、马来西亚、新加坡和泰国，少量出口到美国。近年来，意大利、西班牙、巴西、以色列、新西兰、澳大利亚、美国、智利、阿富汗等20 多个国家逐步开始发展柿树，尤其是甜柿的生产，柿树正逐渐成为世界性栽培果树。其中，意大利主要以内销为主，巴西、以色列和智利主要出口欧洲，而新西兰则主要出口新加坡和返销日本市场。

我国柿栽培面积约 66.4 万公顷，年产量约 257 万吨，面积和产量分别占世界总量的 89% 和 70% 以上，居世界第一。柿在我国分布极广，除黑龙江、吉林、内蒙古、辽宁、宁夏、新疆、青海等省（自治区）外，其余各省均有生产。近年全国各地大面积发展柿树，尤其是甜柿生产，南方甜柿面积大幅度增加，产量不断上升。2007 年全国 22 个柿生产省份中，年产量 10 万吨以上的省份包括广西(504 897 吨)、河北（394 325 吨)、河南（326 799 吨)、陕西(230 396 吨)、福建(177 025 吨)、江苏（156 977 吨)、山东(136 331 吨)、安徽（123 196 吨)、广东（122 394 吨）等。

我国早先种植的柿树绝大多数为涩柿品种，中国林业科学研究院亚热带林业研究所较早在浙江省引种日本甜柿取得成功，之后全国迅速掀起了发展甜柿的高潮，现云南保山甜柿栽培面积为 5 万多亩，居全国之首；其次湖北、福建、浙江、四川、山东、河南等省的甜柿栽培面积也较大，分别为 1 ~ 4 万亩不等。目前国内甜柿品种主要为次郎，其次是阳丰；富有系品种因砧木原因发展较少。

第一章　柿主要优良品种

我国柿品种约有800多个，主栽品种数十个，但是柿品种分布的地域性较强，特别是优良的品种栽培都有局限性。

柿品种分为甜柿和涩柿2大类。果实在树上能自然脱涩，采下即可食用的为甜柿；果实采收后有涩味，需经人工脱涩或后熟变软方可食用的为涩柿。依果实的脱涩程度又分4个品种群，①完全甜柿：此类品种不论有、无种子均能自然脱涩，但果肉中常形成少量褐斑，如富有、次郎、罗田甜柿等。②不完全甜柿：种子的作用范围大，脱涩度高的品种，必须含有一定数量种子才能完全脱涩，如禅寺丸、西村早生等。③完全涩柿：此类品种不论果实有、无种子均不能自然脱涩，果肉内也不形成褐斑，如我国的磨盘柿、恭城水柿等绝大多数柿品种均为此类。④不完全涩柿：种子的作用范围较小，脱涩度低，仅在种子周围产生少量褐斑，如平核无、会津身不知等。

一、甜柿品种

已知的甜柿品种有200多个，大多原产于日本。中国林业科学研究院亚热带林业研究所、西北农林科技大学等已从日本引进了50多个甜柿品种，在全国20多个省进行了示范推广。

1. 上西早生

该品种为松本早生富有的芽变，形态酷似松本早生富有，果实扁圆形，平均单果重200克，最大单果300克。果皮朱红色，色泽鲜艳。果肉橙黄色，褐斑细而少，肉质致密，含糖量15%以上，品质上等（图1－1）。树势中等，树姿稍直立，仅有雌花。此品种为早熟品种，比松本早生富有早10～15天，在杭州10月中旬成熟。与君迁子嫁接不亲和，宜用本砧或亚林6号砧木。对砧木要求没有松本早生富有严格，生理落果少，丰产、稳产。夏秋之间的高温常导致柿果着色迟，注意选择通风及日照良好的地方建园。

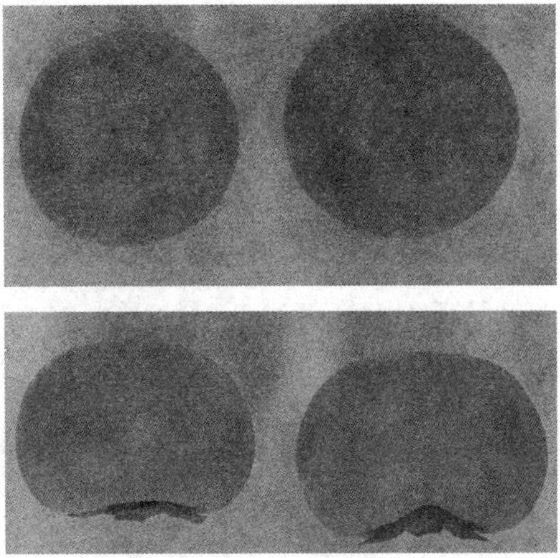

图1－1　上西早生

2. 次郎

次郎原产于日本静冈。树势强，无雄花。果扁方圆形，横断面方形，果顶略凹陷（图1－2）。平均单果重200克。果皮橙黄色至橙红色，果粉多。果肉致密，褐斑细而少。果汁较少，含糖量17%左右，甘味强，品质中上等。单性结实强。本品种为中熟品种，在杭州10月上中旬成熟。

图1－2　次郎

该品种对砧木要求不严，与

君迁子亲和性好。我国目前有20多个省（市、自治区）都有引种栽培，为我国栽培面积最大的柿树品种。该品种抗风、耐寒、抗旱，适宜在肥沃土壤上生长。嫁接后约3年结果，8年进入盛果期，丰产、稳产。产量较富有略低，较抗炭疽病，易感染黑星病。

次郎芽变品种较多，如：前川次郎、一木系次郎、若杉系次郎等，形态及风味品质同次郎相近。

3. 阳丰

该品种由富有与次郎杂交繁育而成。树势较强，树姿半开张。果实扁圆形，或有花瓣形缢痕，平均单果重约230克。果皮浓橙红色。果肉有少量褐斑，肉质松脆，汁液中等，可溶性固形物15%～17%，品质中上等，风味略逊于松本早生。杭州10月中旬成熟。无雄花，单性结实力强，极丰产，与君迁子嫁接亲和力较强（图1－3）。

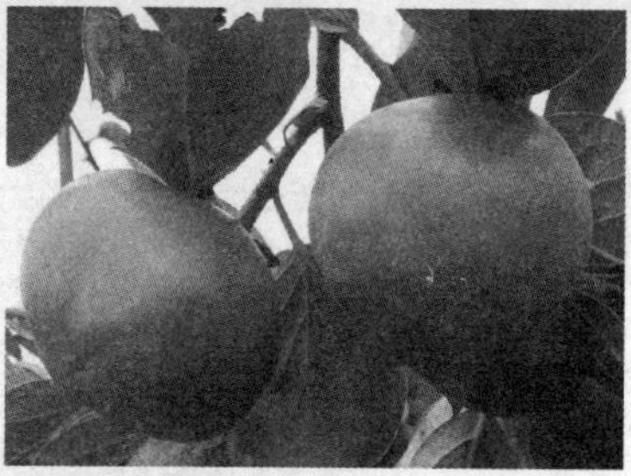

图1－3　阳丰

4. 太秋

太秋又名大秋，是一个杂交新品种。树势中等，果扁圆形，平均单果重320克，最大可达400克，果皮橙红色，肉质致密，褐斑极少，汁液特多，味浓甜，含糖量17%～20%，种子少，品质极上等。在杭州10月中下旬成熟，丰产、稳产。雌雄同株、异花，与君迁子嫁接不亲和，宜用本砧或亚林6号砧木。该品种是目前风味最优的大果甜柿品种，但果面易产生裂纹而影响外观及其商品性（图1－4）。

图1－4　太秋

5. 富有

该品种树势强，树冠开张。果实扁球形，果顶丰圆，或有花瓣形缢痕，平均单果重 200 克。果皮橙黄色，充分成熟后转朱红色，肉质致密细嫩，褐斑少而细，汁多，含糖量 14% ~16%，品质极上等。在杭州 7 月中下旬便脱涩，10 月下旬至 11 月上旬成熟。鲜果耐贮运（图 1-5）。

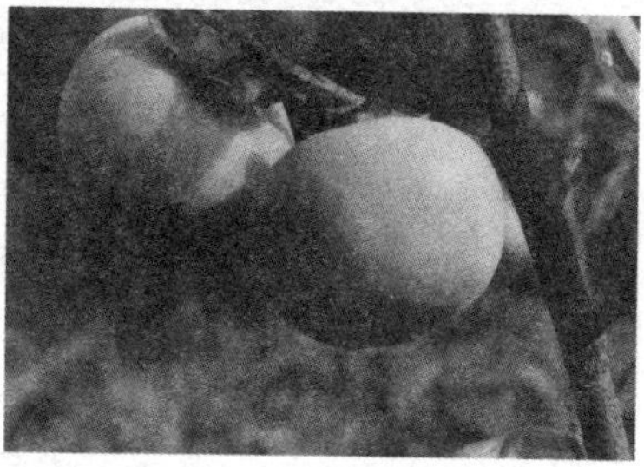

图1-5　富有

适应性强，结实早，丰产、稳产。是目前世界上栽培面积最广，产量最高，商品性最好的完全甜柿品种。富有对砧木要求甚严，与君迁子、油柿等砧木嫁接亲和力很差，宜用本砧或亚林 6 号砧木。易感落叶病、炭疽病及根癌病等。此品种为可大量发展的优良品种。目前浙江富阳等地栽培面积较大。富有中有许多芽变品种，如松本早生、爱知早生、纹叶背等。

二、名优涩柿品种

1. 磨盘柿

磨盘柿又叫盖柿（河南、山西）、盒柿（山东）、箍箍柿、腰带柿（湖南）、帽儿柿（陕西）等，为华北主要品种，主要分布在河北、山东、山西、河南、陕西等省，湖南、湖北、浙江也有栽培。该品种以北京房山、昌平，天津蓟县，河北满城、易县栽培最多，最为有名。果实极大，平均单果重 241 克，最大可达 500 克以上。柿果磨盘形，橙黄色，缢痕深而明显，位于果腰，将果肉分为上、下两部分，形若磨盘而得名。果肉淡黄色，果肉疏松。果实变软后水质，汁液特多，味甜，无核，品质中上等，耐贮运。该品种最宜脱涩鲜食，也可制饼，但不容易晒干。在河北、山东、陕西基本在 10 月中下旬成熟。该品种适应性强，抗寒、抗旱，寿命长，产量中等，是目前我国种植面积及产量最大的品种。据不完全统计，该品种在全国栽植面积共计55万亩，年产量50万吨。2008年，河北省易县进行了易县磨盘柿无公害认证，并向新加坡、马来西亚和俄罗斯出口柿果1万吨，成为全国磨盘柿生产、出口第一大县。目前"房山磨盘柿"及"盘山磨盘柿"均获得地理标志保护产品称号（图1-6）。

图1-6 磨盘柿

2. 富平尖柿

该品种原产于陕西富平县，耀县也有分布。目前已分化出升底尖柿和辣椒尖柿2种类型。果实大，平均单重160克，最大果重250克，心脏形或圆锥形，橙黄色，果实变软后橙色。果皮细腻，果粉中等多。果实横断面圆形或略呈方形，果肉橙色，纤维短而少；果实变软后水质，汁液多，味浓甜。无核或少核，易脱涩，稍耐贮，含糖量21%。品质极上等。最宜制成柿饼，也可鲜食，出饼率28.09%，制成的柿饼称"合儿饼"，个大、红亮、霜厚、柔软、味甜、质优，是陕西省的名特产品。在陕西，10月下旬到11月上旬成熟。该品种适应性强，树势强健，树姿开张，丰产，无大小年，但易感炭疽病，应注意综合防治。目前富平尖柿的栽植面积已达11万亩，年产量6万吨。2008年"富平柿饼"获得地理标志保护产品称号（图1-7）。

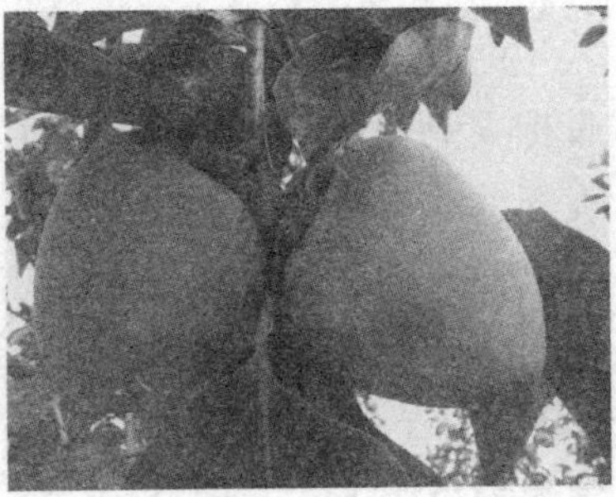

图1-7 富平尖柿

3. 干帽盔

该品种又称尖尖柿、尖顶柿、火柿、牛心柿，盛产于陕西秦岭以南的商州地区，汉中的洋县、留坝，甘肃的舟曲及湖北的郧阳等地。树势强壮，树冠圆头形。叶片中等大，纺锤形。果实心脏形，平均单果重120克，果面浅橙红色，光滑，无明显纵沟和缢痕。硬柿肉质致密，软柿干绵稍甜，髓小，核少，含可溶性固形物19.5%，果实在室温条件下存放32天不变软。10月中下旬成熟。最宜制饼，出饼率40%以上。该品种适应性强，抗旱，抗涝，结果早，丰产。目前仅商州地区栽植面积超过12万亩，年产量3万吨以上。2006年成功注册了“孝义柿饼”商标（图1-8）。

图1-8 干帽盔

4. 菏泽镜面柿

该品种也称菏泽八月黄，分布于山东菏泽一带。果实中等大，平均单果重130克，扁圆形，果顶平或微凹，横断面略方，果实整齐一致。果面光滑，硬柿橙黄色，软柿橙红色，粉质，汁液少。味甜，含糖量17%，耐贮藏，品质优。制成的柿饼质细、透明、味甜、霜厚，以曹州耿饼驰名中外。该品种树势强健，树姿开张，喜肥沃土壤，抗旱，耐涝，丰产、稳产，不抗寒，易感炭疽病（图1-9）。

图1-9 菏泽镜面柿

5. 绵瓤柿

该品种又称台柿，主产于太行山区南部，分布于河北省邢台、石家庄等地。果实中等大，平均单重135克，重台形，橙红色，具4条纵沟，有肉座状缢痕。软柿绵质或微粉质，汁液少，味甜，无核。10月中下旬成熟，耐贮运。宜鲜食或制饼。本品种树势强健，萌芽率成枝率强，适应性广，抗病、抗寒、抗旱、丰产（图1－10）。

图1－10 绵瓤柿

6. 橘蜜柿

该品种又名八月红，原产于山西省晋南地区，分布于万荣、稷山、永济等地。果实平均单重75克，馒头形，橙红色，软柿水质，肉橙红色，果肉内又少量黑点，纤维少，汁液多，味甜，无核或少核，含糖量18%，可鲜食，也可加工成柿饼。10月中下旬成熟。该品种适应性强，易栽培，坐果率高，高产、稳产，抗旱、抗寒，但抗病性弱。万荣县该柿的栽植面积已达14万亩，挂果面积9.3万亩，年产量5万吨（图1－11）。

图1－11 橘蜜柿

7. 恭城水柿

该品种又名月柿，分布于广西恭城、平乐、阳朔、荔浦一带，栽培面积达25万亩，年产量24万吨。树冠圆头形，果扁圆形，无核时果顶微凹陷，有核时果顶平或圆，平均单果重180克，果皮和果肉橙色，大多无核，汁液较少，含糖量17%，

图1－12 恭城水柿

10月下旬成熟，丰产，易感染炭疽病；最宜制饼，柿饼肉质透明，细腻清香，形状美观，以柿饼为主的加工品及深加工品已成为当地主导产业（图1－12）。

8. 永定红柿

该品种主产于福建永定县，栽培面积约10万亩，果扁圆形，平均单果重150～200克，果皮大红色，果肉橙红，肉质黏稠，柔软致密，有弹性，10月上旬成熟，适应性强，丰产、稳产（图1－13）。

图1－13 永定红柿

9. 南通小方柿

此品种原产江苏海安，果扁方形，平均单果重100克，果皮红色，无核，味甜，易脱涩，成熟期为9月下旬，具矮化性状，结果早（图1－14）。

图1－14 南通小方柿

10. 兰溪大红柿

此品种原产浙江兰溪，树势强，树姿开张，果扁圆形，平均单果重150克，果皮鲜红色，果肉橙红，肉质柔软，汁液较多，味浓甜，品质优，9月下旬至10月上旬成熟，软柿鲜食（图1－15）。

图1－15 兰溪大红柿

除了以上主要的品种外，还有一些很有特色的地方品种在我国也有栽植（表1－1）。

表1－1 其他柿树品种

品种	主产地	平均单果重	果形	主要特点	品质等级	用途	成熟期
七月早	河南洛阳	180克	扁心形	橙红色，汁多，味甜、纤维少，早熟，不耐贮，含糖量18%	中上等	鲜食	8月下旬
胎里红柿	山西永济	89克	扁圆形	橙红色，味甜多汁，含糖量21%，早熟，适应性强	中上等	鲜食	8月上旬
博爱八月黄	河南博爱	140克	扁方圆形	橙红色,果粉多,脆甜,无核,含糖量18%	上等	鲜食、制饼	10月中旬
萼子柿	山东益都	120克	馒头形	橙红色，萼片上竖，汁液多，味甜，含糖量20%，髓小，无核，极耐贮	上等	制饼	10月中旬
于都合柿	江西于都	200～300克	扁方	橙红色，质黏，纤维少，汁多，无核，含糖量20%	上等	鲜食	10月上中旬
方山柿	浙江永康	150克	扁圆形	橙红色，少核或无核汁液特多，可吸食，味浓甜，含糖量20%	上等	鲜食	11月上旬
千岛无核柿	浙江淳安	170克	长方圆	橙黄色，肉质柔软多汁，含糖量17%，无核，丰产	上等	鲜食	9月中下旬
安溪油柿	福建安溪	280克	扁圆	橘红色，肉质柔软，汁多，味甜，含糖量20%	上等	制饼、鲜食	10月中下旬
元宵柿	广东潮阳、福建诏安	200克	扁方	橙黄色,质黏,纤维少,汁少,含糖量16%～20%，高产稳产，耐贮	上等	制饼、鲜食	10月下旬

第二章　生物学特性

柿子树体高大，放任生长的树高可达十余米，属落叶乔木，树干表面粗糙，树皮灰褐色，呈方块状龟裂。叶片阔大，木材细密、坚硬。

一、根

柿树新生根尖白色，长约 1 毫米，而后由白色转为褐色，最后呈黑色。老根较粗糙，内部白色，切断后君迁子砧迅速变成黄褐色。本砧切面的颜色较淡，变色也慢。

根有主根、侧根、支根、细根和毛细根等级别。比较粗的称为骨干根，主要起固定树体、延伸根系、产生吸收根及输导水分和养分的作用，是根系的骨架。特点是：粗壮、寿命长、分叉多、角度大、距离远。比较细的称为吸收根，生在各级骨干根上，主要作用是吸收水分和养分。特点是：根形细短、寿命短，常常呈多级分叉，并呈扇形分布，形成相对独立的根组。先端生有根毛（也有越年生的可见菌根状毛），呈试管刷状，吸附能力强。

柿树根的细胞渗透压较低，从生理角度来看，是不抗旱的；又因单宁含量多，受伤后难愈合，所以移植后树势恢复慢。因此，移植时要尽量多保留根系，运输途中勿使根系干燥。

根对土壤的 pH 值要求不严，但会因砧木种类不同而略有差异。我国北方多用君迁子砧，君迁子砧适于中性土壤，pH 值为 5.6～6.5，但也能忍耐微酸性和微碱性土壤。南方多用野生柿作砧木，以适应酸性土壤。在不同地形条件下，根的生长也各有特点，在山坡上栽植时，柿根能顺坡伸展；栽在梯田外沿的，其内侧根系可伸入梯田内部吸收肥、水，外侧的根常沿梯田壁伸展很远，或伸向下层梯田，可起到保持水土的作用；在滩地栽植的，遇到石块时，柿根能绕石生长；若在平地栽植的，根能向四周均匀伸展；在苗圃中的边缘苗，根偏向外侧生长。根系分布的深浅也因砧木种类不同而有差异（图2－1），柿砧主根发达，细根较少，根层分布较深；君迁子砧的主根较弱，侧根和细根很多，根层分布较柿砧浅。

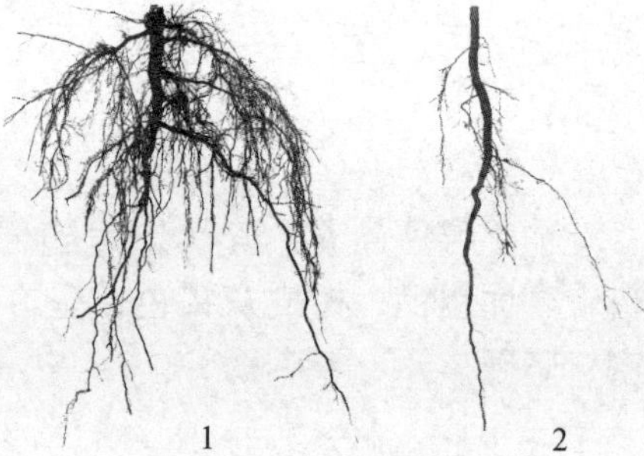

1 2

图 2－1 根系

1. 君迁子根 2. 柿根

二、枝条与叶片

1. 枝条

枝条在幼嫩时表面有白色柔毛，呈绿白色，而后变绿，继而呈现白色的皮孔，皮孔的颜色、数量、形状和突起程度因品种不同而有区别。随着枝条木质化表面的茸毛逐渐脱落，皮色由绿变黄褐、褐色、赤褐等固有颜色。一年后转向灰褐、黑褐色，表面也由光滑渐变粗糙。顶端数芽在生长后期有自行枯死，这种现象称为“自枯”现象。最上部的侧芽代替了顶芽，这芽是“伪顶芽”。

枝条的分类有以下几种：①以枝条性质区分，可分为结果母枝、结果枝、发育枝。②以枝条萌生季节区分，可分为春梢和秋梢。③以枝条年龄区分，可分为一年生枝、二年生枝、多年生枝。④以枝条生长势区分，可分为纤细枝、弱枝、壮枝、徒长枝等。

枝条生长与根的生长时期是相互错开的。新梢抽生一般以春季为主，生长旺盛的树一年可抽生2~3次梢，这种情况在幼树和苗期尤为明显。生长的速度，以陕西关中为例，一般品种在3月上、中旬萌芽，4月上、中旬展叶，自第一片叶子展开后，经过15~20天出现枯顶。新梢生长初期，先端有明显向地弯曲的特性，在展叶后7天左右弯曲得最明显，而后逐渐挺直，至开花前完全挺直。新梢伸长期很短，约30~40天。新梢的加粗生长有两次，第一次在枝条“自枯”之前，新梢随着枝条伸长而加粗，这主要是因为顶端分生的作用；第二次加粗是在开花之后，是由形成层细胞分裂导致的。枝条既是水分、养分转移的重要器官，也是养分贮存器官。枝条的加粗，受果实影响较大，像磨盘柿等大果型品种，在生有果实的节位以下加粗生长特别显著，而有果节位以上明显变细，使结果枝呈现“两节”的现象。

2. 叶

叶片形状有卵圆形、椭圆形和倒卵形；单叶互生，全缘，叶缘平直或呈波浪状；叶先端锐尖至钝圆，基部楔形、阔楔形或近圆形。腹面富有光泽，略有柔毛和腺状毛；背面灰白色，无光泽，有柔毛和腺状毛，在叶脉上尤多。叶脉自叶柄直通叶尖为主脉（中肋）由此左右分出7~11条侧脉。再分为网状的细脉。叶柄长1~2厘米。

新叶期的叶片，其伸展姿态和颜色在品种之间区别甚大；成叶期也因品种不同，叶片的大小、形状、伸展姿态、颜色、光泽等也不相同。在同一枝条上，基部叶小而圆，向上渐变长大，中部的最大，发育也最正常，向上则较为窄长。落叶期叶片是否变红与品种也有较大关系。

柿树的透光能力随着叶幕厚度增加而下降。处于内膛或下层的叶片因光照不足，光合作用降低，有机物质不能积累，枝条容易枯死，造成内膛空虚，形成伞形结果。根据经验，柿树的叶幕厚度不能超过2米。

三、开花结果

柿树的花有雌花、雄花和完全花3种（图2－2）。雌花生在结果枝的叶腋，由萼片、花瓣、退化雄蕊和子房组成。雄花瓶形，约有雌花的1/3～1/5大，生在结果枝下部的叶腋上，3朵花组成一个小花序，由雄蕊、花瓣、萼片组成，雌蕊全部退化，雄蕊发育完全，通常有16枚，排列成内外2层。完全花生在小花序中央，形似雄花，雌蕊没有退化，也能结果。柿树多数品种只有雌花，少数品种雌雄同株，个别品种有雌花、雄花和完全花混生的，全株仅有雄花的植株十分罕见。

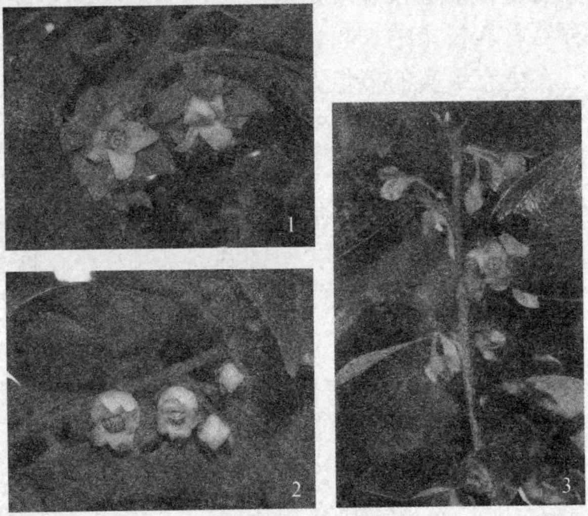

图2－2 柿花

1. 雌花 2. 雄花 3. 雄花枝

花着生在结果枝中部，花量多少，与品种及结果母枝的营养状况有关。一般来说，小果类品种比大果类品种着花多，结果母枝粗壮的较细弱的花量大。茁壮的发育枝、处于优势地位的结果枝、花果脱落后的结果枝及处于劣势而生长势减缓的徒长枝都能培养成结果母枝。

花芽分化的速度因结果母枝、花芽着生位置及花芽内着生的部位不同而有区别。一株树上，粗壮的结果母枝上的芽，比细弱的结果母枝上的芽，分化快。在同一结果母枝上，着生在顶部的芽较下部的芽开始分化的时期早、分化的速度也快。在同一花芽内，低节位的花芽分化早，但速度慢，并往往中途停止，不能分化完全；中节位的花芽开始分化的时间略迟，但分化速度快；位于高节位的花芽分化最迟。

花芽分化的时期，由于地区和品种不同而有区别。花芽开始分化的时间大体在开花后一个月左右（6 月中、下旬）。6 月中旬至8 月下旬花芽分化的速度很快，有些品种花芽分化的进程可至萼片期或花瓣期，此后，直至翌年发芽之前，花器的分化处于停滞状态。翌年发芽后至开花前，花器各部又迅速分化，继续完成雄蕊期和雌蕊期的分化，花器各部分迅速发育而达完全。花芽分化能否完全，与枝条内有机养分多少有关，有机养分不足时，花芽发育中止，干枯脱落形成盲节。

四、果实

柿子形态上与其他水果最大的不同是果肉中有单宁细胞，外部的宿存萼片能随果实发育长大而成的柿蒂，柿蒂的形状、大小、萼片伸展的姿态都是品种区别的重要特征。

果实为浆果，软熟后因含水量多少而分为水质、黏质和粉质。品种间果形差异很大，基本形状有长形、方形、圆形和扁形4 种。大小也相差悬殊，平均单果重由数克至数百克不等。颜色由淡黄至朱红，个别呈黑色。果顶有尖、钝、圆、平之分。此外缢痕、纵沟、辐射状小沟的有、无，深、浅，以及腰部裂纹、果肩锈斑及脐的形状等都因品种不同而有差异；果面有蜡状物质分泌而成的白色果粉。

柿子果实的可食部分是由子房壁发育而成的，从果实横剖面中心为髓与很多维管束相通，以髓为中心呈放射状排列着8~12个心室。种子一形成就占有心室，无核品种则心室壁互相挨紧，几乎无空隙，形成半透明的“软核”。

果实有单性结实能力，开花以后，无论是否受粉，果实均可迅速增大。果实的生长发育分为三个阶段：第一阶段在开花后60天内，果实的明显增大由果实的细胞数量增多，同时吸收水分的增加所致；此后50~60天为第二阶段，果实长长停停，无明显增大的迹象；第三阶段从着色至成熟，又有一次明显的增大，俗称膨果期，这是由果肉细胞逐渐积累糖和其他营养物质而使细胞体积增大所致。

五、物候期

柿树的物候期主要有：休眠期、萌动期、发芽期、展叶期、开花期、果实成熟期（图2-3）。

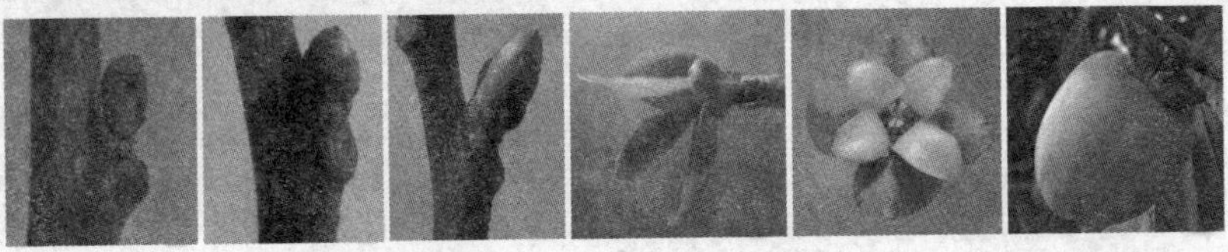

1　2　3　4　5　6

图2-3　柿树的物候期

1. 休眠期　2. 萌动期　3. 发芽期　4. 展叶期　5. 开花期　6. 果实成熟期

休眠期：自落叶以后至冬芽露出发亮的芽鳞。

萌动期：冬芽露出发亮的芽鳞。

发芽期：芽如麦粒大，可见绿色。

展叶期：第一片叶子展开。

开花期：花瓣全部展开（树上有花瓣展开的花为初花期、树1/3以上的花已展开时为盛花期、最后一朵花的花瓣展开时为终花期）。

果实成熟期：果面呈现该品种固有的颜色，种子呈褐色。

第三章　柿繁殖技术

一、砧木苗的培育

（一）砧木的种类

柿子主要采取嫁接繁殖的方法。砧木是嫁接苗的基础，直接影响到新植株的生长发育、树冠大小、品质、产量等，通常可作为柿砧木的有以下几种。

1. 柿（*Diospyros kaki* Thunb）

为主要栽培品种。多数品种仅有雌花，少数品种有雄花或两性花。果实大，形状多样。成熟时果皮黄色至橙红色。花期5月，果熟期8~11月。

2. 野柿（*D. kaki* var. *silvestris* Mak）

野柿是柿的原生种，生于山地天然林或次生林中。形态特征与栽培柿相似，喜光，耐干旱瘠薄。生态类型多，个体间变异也较大，柿的各种果形在野柿中均可找到。果小，籽多，在9月中旬至11月下旬果熟时呈橙黄色时采摘。在南方主产区传统上多以该种作砧木，接后植株树形高大，适应性强，寿命长，挂果好。

3. 油柿（*D. oleifera* Cheng）

又叫稗柿、青稗、乌稗、漆柿、绿柿、白头翁。

落叶乔木，高可达14米，一般为6~7米。老树皮呈灰白色。片状剥落。新生枝及叶两面均密生黄褐色毛茸。叶长圆形或长卵形，先端渐尖，基部广楔形或圆形，呈暗绿色，无光泽。雌雄同株，花形较柿子小。果实圆形或卵圆形，成熟后果面分泌胶状黏稠质物。熟果暗黄色，常具黑斑。果实可食用，口感差。成熟期9月下旬至10月下旬，原产我国长江以南，浙江、江苏等地有栽培。

4. 浙江柿（*D. glaucifolia* Metc.）

又叫粉叶柿、粉背柿。落叶乔木，高可达17米，树皮灰褐色或灰黑色。枝梢光滑无毛。叶多为宽椭圆形或卵状披针形，先端尖，基部钝圆，光滑无毛，上面深绿色，背面苍白色。雄花红白色，聚伞花序，2～3朵聚于叶腋，花柄极短。雌花单生，萼4裂呈三角形。花期4～5月。果球形或扁圆形，径约1.5厘米。果熟期10月中、下旬。本种近似君迁子，但叶大，叶背面粉白色，果熟时红色，不变为蓝黑色，可与君迁子区别。产于浙江、江西、安徽、江苏、湖南、福建等省。生于半阴山坡杂木林或灌木丛中。幼树根系发达，生长迅速，较耐湿。

5. 君迁子（*D. totue* L.）

又叫黑枣、软枣、牛奶柿、丁香柿、羊枣、红蓝枣、豆柿等。

落叶乔木，高达10～15米，树皮暗褐色，深裂成方块形，嫩枝被有灰色短柔毛，叶片圆形或椭圆形，先端渐尖，基部圆形或阔楔形。雌雄同株或异株，雄花2～3个簇生，淡黄色或淡红色，雌花单生，黄白色。果实小，直径约1.5厘米，果长形、扁形、圆形都有，初为黄色，熟时变为黑色或黑紫色，故称黑枣。有些类型无种子或种子极少。在我国分布很广，以山东、河南、河北、陕西、山西、湖北、四川、云南较多。本种在北方及云南等地是柿树传统砧木。

（二）砧木的选择与亲和性

柿树砧木要求生长快、砧穗亲和力强、根系发达，抗性强。我国柿的传统产区，绝大多数为涩柿，北方及云南等地常用当地君迁子作砧木，南方用野柿、浙江柿、栽培柿作砧木，在浙江、江苏、湖南等地也有用油柿作砧木的。

各种砧木具有明显的地域适应性，君迁子是我国黄河流域广泛应用的优良砧木，但北方产君迁子在南方常表现为不耐水湿，当年实生苗及嫁接苗的生长势和出圃率不如浙江柿、野柿等，在水分较多的农田育苗时，这种现象尤其明显；北方君迁子作砧木的柿树在南方生长势弱，树体易衰弱，寿命短。而云南产君迁子没有此种现象，适应南方的湿热条件。野柿和栽培柿统称共砧，是我国长江流域及以南地区传统的优良砧木，耐干旱瘠薄，树体寿命长。浙江柿因根系发达，适应性强，树体生长旺，栽植成活率高，近20年来在南方被广泛用于柿的砧木，同共砧相比，嫁接涩柿及次郎等甜柿，树体较高大，结果期推迟1～3年。浙江柿适宜于南方应用，在黄河流域生长势明显不如当地君迁子。根据中国林业科学研究院亚热带林业研究所在浙江、江苏等地的调查结果，油柿作砧木嫁接涩柿，可提早结果，但树体寿命缩短，20～30年生植株树势明显衰弱，50年生时逐渐失去了经济价值。

甜柿对砧木要求非常严格。据中国林业科学研究院亚热带林业研究所试验，油柿嫁接大部分甜柿品种成活率不高，一年生嫁接苗当年便出现卷叶现象，在第2～3年有明显的上粗下细的“小脚”、接口膨大、开裂、翘皮等现象（图3－1），富有比次郎西村早生发生得早且严重，一年生苗生长后期更有部分幼株形成大量花芽并提早落叶，栽植后易死亡，早期表现出树体衰弱，油柿不宜作甜柿的砧木。次郎系品种、西村早生等不完全甜柿及我国的罗田甜柿对砧木要求不太严，与君迁子、野

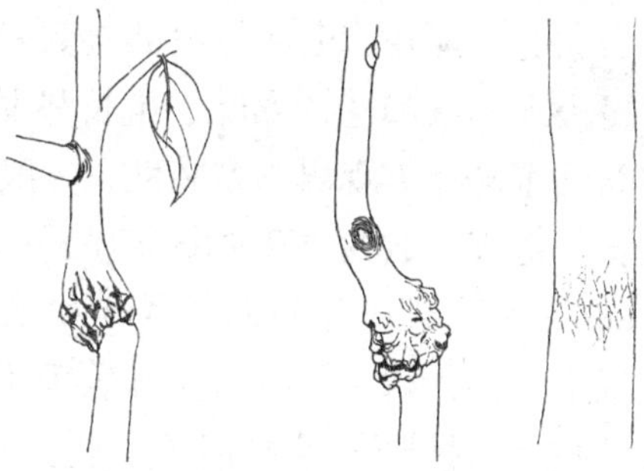

图3－1　嫁接亲和性

1. 嫁接不亲和表现，接口开裂，叶片卷缩
2. 嫁接不亲和，接口开裂，瘤状，上大下小
3. 嫁接亲和性好，接口光滑，上下大小一致

柿、浙江柿等表现亲和。

富有系品种及以富有为母本杂交育成的品种，部分御所系品种与君迁子嫁接不亲和，嫁接苗1~2年便表现出接合部膨大、开裂、接口易折断、愈合差、卷叶、枝条皮孔增大、树皮异常等不亲和现象（图3-1），有些在当年或第2年苗木便死亡。在日本，一般用山柿（一种野柿）或栽培品种西条（涩柿）的实生苗作为富有系品种的砧木。野柿嫁接富有系品种，不同类型在亲和性上存在明显差异。中国林业科学研究院亚热带林业研究所通过砧穗组合嫁接试验及15年的生长观测结果，认为富有系品种与亚林6号砧木及本砧亲和性好；苗期及幼年期树体生长旺盛，接口光滑，种植在浙江、湖北、江西、福建等地的富有柿，8~20年生树目前生长结果正常，果实风味品质好。亚林6号与次郎及御所系等许多甜柿品种同样亲和性好，生长结果正常。但亚林6号砧木在北方及西部省份的适应性还有等进一步观测。

用君迁子或浙江柿作基砧，禅寺丸、海库曼、东洋一等作中间砧，大树改接富有、松本早生富有、太秋等多个甜柿品种，据中国林业科学研究院亚热带林业研究所在浙江省衢州、富阳，江西、湖北、福建、云南等地试验调查结果，在改接后第2~3年便明显表现不亲和性，卷叶、生长势弱，树体陆续死亡。用次郎作中间砧也同样表现出不亲和性，一般在第3~4年出现明显的树体衰弱，也有少数树体8~10年生时仍不死亡，但树势弱。张效若(2008)在君迁子作基砧的4年生次郎上高接甜柿，阳丰、甘秋表现亲和，太秋、早秋、夕红表现不亲和。因此，在大树改接富有等甜柿品种时，需要谨慎，应先进行试验论证后才能大面积推广。

（三）砧木培育

1. 种子采集和处理

作砧木用的种子要充分成熟，一般在晚秋采收，柿果采集后堆放沤烂，搓去果肉，再把种子冲洗干净，阴干备用。

种子贮藏一般应用干藏或湿藏方式。干藏即将阴干的种子置于通风干燥处，在室温下贮藏。

湿藏即将阴干的种子混以3～5倍湿沙层积，沙的湿度以手握成团，松手即散为宜，沙内含水不可过多。南方可将种子堆放在地势高燥、排水良好的地方或阴凉、干燥、通风的室内，北方也可选择背阴、干燥、不易积水的地方挖沟，堆积高度以50～60厘米为宜，每隔1米左右竖立一束稻草，便于堆内空气流通、散热，并经常检查种子状况。一旦发现问题，应及时处理。

2. 苗床整理

苗圃地应选择交通便利，无污染源，生态环境良好，土壤疏松肥沃、酸性或微酸性，排水良好，并有灌溉条件的地方。圃地应在前一年秋冬深翻30厘米左右，深翻前每亩施入充分腐熟的农家肥约3 000千克，复合肥约10千克，肥与土混合。搅碎耙平，播种时作好宽1.2米的播种畦。

3. 播种

播种分秋播和春播。秋播，北方宜在冻土前播种，南方可在晚秋后播种。春播在2月下旬至4月上旬，南方比北方早些，当地温达8～10℃时即可播种。对干藏的种子，在播种前2～3天，用冷水或40℃温水浸种，等种子吸水膨胀后便可播种。对沙藏种子，可直接播种，或经催芽后当有3%～10%的种子破壳露白时播种。采用条播，行距25～30厘米，播种深度2～3厘米，覆约3厘米厚细土或焦泥灰，再用稻草等覆盖床面。

播种量同种子大小、出苗率有关，一般君迁子、浙江柿等种子每亩播种4～6千克，柿、野柿、油柿等种了每亩播种15千克左右。

4. 实生苗管理

出苗期分期分批去除覆盖物。当幼苗长出2～3片真叶时，视出苗情况，分1～3次进行间苗或移苗，移苗在阴天或傍晚进行，间苗或移苗后应及时灌溉。幼苗长至约高15厘米，开始追施稀薄人粪尿，或施浓度为1%～2%的尿素。苗高30～40厘米时要及时摘心，促使苗木加粗生长，苗木生长后期（8月下旬），不宜施氮肥，应适量施磷、钾肥，保障苗木充分木质化。

4月份开始给苗木喷施代森锰锌或代森锌500～600倍液3～4次，以防炭疽病等。苗木嫩梢幼叶常被柿梢鹰夜蛾、刺蛾、金龟子等危害，可用速灭杀丁3 000倍液或其他农药喷杀。

在整个砧苗管理过程中，应及时进行中耕除草、排涝抗旱、病虫防治等措施，砧木才能达到嫁接粗度的要求。

二、嫁接苗培育

1. 接穗采集和贮藏

选择品种纯正，树体健壮，无病虫害，并已进入结果期的树作为采穗母树。采集树冠外围充实、健壮的1年生枝条，内膛枝和细弱枝不宜用作接穗。嫁接接穗取自枝条中段以上芽饱满、枝条充实部位，下部芽不饱满而细弱不宜采用。

春季嫁接用接穗，在落叶后至萌芽前均可采取。采回后剪成约30厘米长穗条，选择阴凉不积水处，下部埋入湿沙中，沙的湿度以手握紧不出水，放手自然松开为宜。贮藏过程中要经常检查沙的干湿状况，防止接穗干燥失水及温度变化造成接芽萌发。也可蜡封接穗，用塑料薄膜包装后放入冷藏库。

秋季嫁接用接穗，采集由绿变褐的壮枝，随接随采，采下枝条及时剪叶，仅留一小段叶柄，减少水分蒸发，保持接穗新鲜。

2. 嫁接时期

在春、夏、秋季均可嫁接，以春、秋季为主。春季嫁接一般在2～4月砧木树液开始流动，接芽未萌发前进行。秋季嫁接在8月下旬至9月底，新梢表皮已呈褐色，芽充实饱满，而树液尚未停滞之前进行，接后不断砧，包芽过冬，接芽愈合而不令萌发。由于我国南北气候相差大，嫁接时期略有不同，南方因气候温暖，秋季可适当延后，春季适当提前。

3. 嫁接方法

（1）切接　切接在柿枝接当中具有广泛代表性，苗圃、大树高接换冠等大多利用切接法。其操作要点如下。

削接穗　取与砧木粗细大致相等的穗条，先从最上部芽的背后下方2厘米处切入木质部即水平状切削；切削长约2～2.5厘米（适用于苗圃1年生苗木接穗削的长，如砧木较粗应相应加长），不要切伤髓部，在削面背侧基部削锐角，削好的接穗保留1～2个健壮的芽（图3－2）。

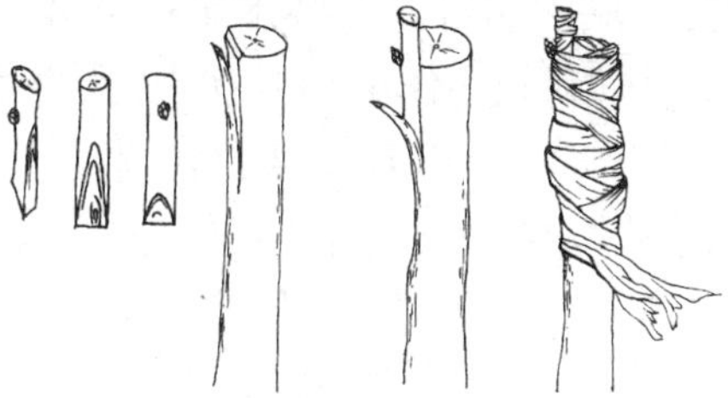

图3－2　切接法

削砧木　将砧木距地面4～6厘米处呈水平状剪断，选光滑平直的一侧略带木质部（视接穗削面宽度而定）向下垂直切下一纵口，长2厘米左右。这时要特别注意切伤面要平直。

穗、砧接合　对准形成层将接穗插入砧木切口至底部，接穗切口上部应稍露白约0.2厘米，以利愈合，并使之砧穗切口面对齐最好。一般砧穗粗细不同，这时形成层必需有一侧彼此接合。

包扎　用将事先剪好的宽1～1.2厘米的塑料带绑扎，绑扎松紧适度，应封闭砧木断面和接穗顶端切口，防止伤口干燥。

（2）贴枝接（图3－3）　适用于夏季嫁接和秋季嫁接，其操作要点如下。

削接穗　取健壮接穗选一饱满芽，嫁接刀从背后芽上方1厘米处稍带木质向下纵切一刀，深、浅、宽、窄依据砧木粗细而定，切口总

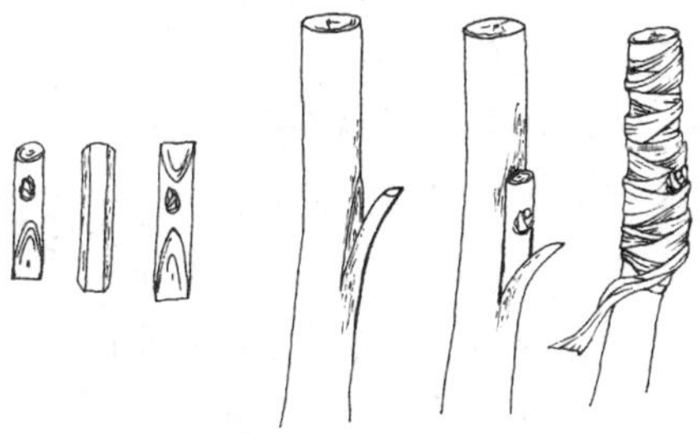

图3－3　贴枝接

长 2.5 ~ 3.0 厘米。砧粗接穗切口亦深而宽。砧细接穗切口亦浅而窄，使穗砧切口基本吻合。

削砧木 秋季嫁接，砧木离地面 8 ~ 10 厘米处平滑处稍带木质从上向下纵切一刀长 2.5 ~ 3 厘米，去掉削皮部分的 1/5，贴入接穗，使二者形成层吻合对齐，用塑料薄膜带包芽过冬；夏季嫁接，砧木切口以下必须留砧叶 4 ~ 5 片，接口以上留砧木叶 3 ~ 4 片以利光合作用。不留叶成活率低，接穗生长势差。

(3) 盾形削芽接 削芽接用切接刀。可在 3 月中、下旬进行，秋接在当年接芽成熟时开始，休眠前结束，以 9 ~ 10 月份最宜。嫁接时在接穗上选一饱满芽，接芽从芽梢上方切下，由浅入深，深及木质部，切口长约 2.6 厘米。第二刀在芽下方，对木质部倾斜，取下芽片，使二者形成层对齐，上端露出一线砧木皮层，然后用塑料带扎紧（图 3 – 4）。

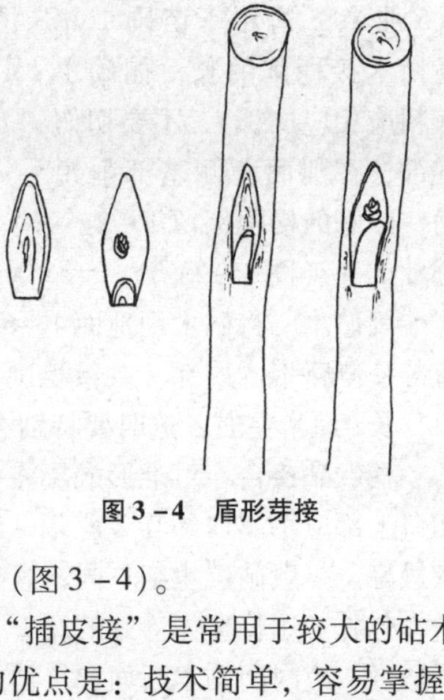

图 3 – 4 盾形芽接

(4) 插皮接（图 3 – 5） “插皮接”是常用于较大的砧木和大树多头高接的方法。此法的优点是：技术简单，容易掌握，操作方便，成活率高，砧木萌动离皮就可进行。

削接穗 将接穗上部芽的背后下方 3 ~ 5 厘米出削一斜面，斜面要平，并在削面背侧基部削成锐角。接穗切口以上应留有 2 ~ 3 个芽。

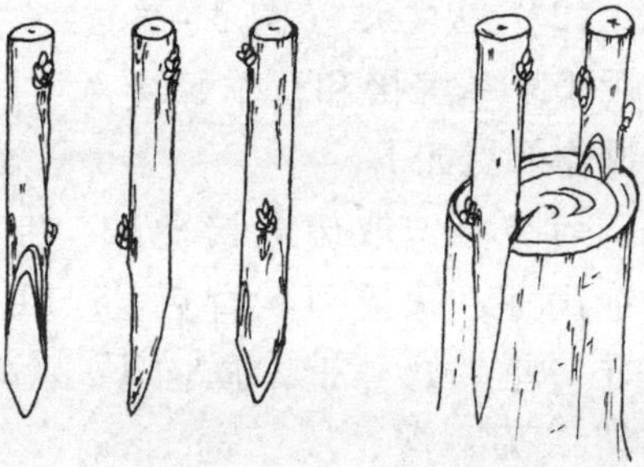

图 3 – 5 插皮接

切接口 在砧木质感平

滑处呈水平状锯断，削平切口，并用嫁接刀在切口下切一竖口，切到木质部，切口长约3~5厘米，然后用刀尖轻轻把树皮微微分开。

插接穗 将接穗对准切口，接穗切口大斜面向木质部，慢慢插入切口，并“留白”0.2厘米左右。如砧木较粗，可插2~3个接穗，然后用塑料条或麻条绑紧。

4. 嫁接苗管理

（1）*及时抹芽和剪砧、解绑* 嫁接后必须及时抹除砧木上的萌蘖，否则与接穗争水争肥会影响接穗的成活生长。一般每隔一星期应除萌一次，直至接穗抽生的新梢处于绝对优势。

春季或秋季芽接苗在嫁接成活后应及时剪砧，要在接芽上方1厘米处将砧木剪去，使接口更好地愈合，长至20~30厘米时，划破接树膜，以利加粗生长，免苗木受缢。但切忌过早解绑，以防接口崩裂。

（2）*立柱护苗* 接穗萌发后生长很快，枝叶粗大，接口尚未牢固，很易风折，因此，当新梢长到30~40厘米时，需用细木棍或竹竿等物作支柱绑苗，特别是大砧或大树高接枝，更需加强护理。

（3）*适时施肥* 春季嫁接后，在株行间施复合肥1次，并覆土使苗床面平整。5~6月是苗木生长最快时期，施氮肥2~3次，7月份开始停施氮肥，增施磷、钾肥，促进木质化和粗生长。

（4）*病虫害防治* 柿嫁接苗主要害虫有苹梢鹰夜蛾、金龟子、刺蛾等，可影响苗木生长，甚至使嫁接苗接穗枯萎。5~8月是危害较严重的季节，应及时用菊酯类农药防治。

苗期易受炭疽病、角斑病危害，特别是在南方，5~7月雨水多、湿度大，气温适宜，最易发生。因此从4月份接芽长叶后即开始喷施代森锌、托布津或代森锰锌，连续喷布4~6次防治效果显著。

三、苗木出圃

1. 起苗

起苗时期应在落叶以后至萌芽前进行。挖苗时如土壤过于干燥应待雨后或适当灌水，使之土壤处于湿润状态下再挖苗，以减少根系受损。起苗时要尽量保持根系完好，特别是须根，以保证苗木质量。

2. 苗木分级

质量优良的苗木，不但定植后成活率高，而且以后的生长、结果均表现较好。为此，出圃的苗木应进行分级，合格苗方可出圃。苗木分级一般根据苗高、茎粗、根系、芽等情况而决定。一级苗规格：根系完整，分布均匀，苗木组织充实，芽饱满，砧穗亲和性好，无病害，苗高 90 ~ 120 厘米，接口上部粗 1.0 厘米以上；二级苗规格：根系完好，苗木组织充实，芽饱满，砧穗亲和性好，无病害，苗高 70 ~ 90 厘米，接口上部粗 0.7 厘米以上；三级苗规格：须根少，苗木不健壮，苗高 50 厘米以下，茎粗 0.5 厘米以下，一般不出圃。

3. 假植

苗木起苗后，如不能立即运出或运到造林地后不能及时栽植，应将苗木暂时假植在土中，以防干枯。根据假植时间长短不同，分为临时假植和长期假植。临时假植时间在 15 天左右，将苗木解捆后，根部蘸泥浆后埋入土中。

长期假植时应选择背风向阳，土层松厚，排水良好的地方挖掘假植沟，沟深视苗木大小和根系长短而定，沟一侧呈倾斜形，将苗木顺斜面排放，然后覆土埋至苗高的 1/3 以上，使苗根和茎下部与土壤密切接合，达到疏排压实的要求，假植过程中要随时检查，当土壤干燥时，需随时浇水；冬季风大地区要假植苗上盖草帘，防止过度失水，不同品种要做好区分标记。

4. 苗木包装和运输

包装外运的苗木，同级苗 50 株为 1 捆，将苗木根部蘸上泥浆，根部填入稻草、锯末等保湿材料，再用塑料布包扎好，以防根系干燥，影响成活，然后系上标签，最后用草袋、编织袋或麻袋等包扎，即可装运。在运输过程中，不能在阳光下暴晒风吹或受雨淋。向外调走的苗木，在运输前应经过检疫并附检疫证书。

第四章 柿园建立

一、柿树对环境条件的要求

（一）温度

温度是决定柿树分布的主要因素。柿树喜温暖气候，但也相当耐寒。涩柿在年平均温度 9～23℃ 的地方都可以栽培，以年平均温度 11～20℃ 最为适宜。在此范围内，冬季无冻害，夏季无日灼，花芽容易形成，生育期长，果实品质优良。年平均温度低于 9℃时，柿树难以生存；在年均温 9～11℃ 的地方，柿树栽培也不少，在正常年份，冬季无冻害，有经济收益，但个别年份也会有冻害发生。特别是年均温接近 9℃ 的地方，萌芽迟、休眠早，生育期短，果小，味淡，产量低，冻害频繁。年均温 20℃ 以上的地区，由于温度过高，呼吸作用旺盛，影响糖分积累，会导致果面粗糙，品质不佳。特别是夏季果面温度超过 42℃ 时，容易引起日灼。

柿对温度的要求，因品种和生育阶段不同而有区别。一般来说，甜柿比涩柿更喜温暖，否则在树上不易脱涩。休眠期需要低温，生长期需要较高温度。通常甜柿品种在萌芽期温度应在 5℃上；枝叶生长期需要温度在 13℃ 以上；开花期需要温度在 17℃ 以上；果实发育期的温度应在 23～26℃，成熟期为 12～19℃。

柿对低温的忍受力，也因品种、年龄及生育阶段不同而有区别，长期在北方栽培的品种（如孝义牛心柿、杵头柿、磨盘柿等）比长期在南方栽植的品种（如元霄柿、高方柿、鸭蛋柿、恭城水柿等）耐寒。成年树较幼苗或幼树抗寒。从生育期来看，休眠期耐寒力强，温度降至 -15 ~ -16℃时也不会受冻，休眠期的耐寒力随休眠深度而增加。萌动以后，随着萌发程度加大抗寒力下降。特别是温度骤降时危害最大，例如天津蓟县 1977 年 2 月下旬气温上升很快，22 日以后，每日最高温度达到 16.7℃，当时柿已趋萌动，但在 3 月 4 日寒流来临，气温突然下降至 -6.6℃，温度相差 23.3℃，枝条顶部 1/2 芽全被冻死。

（二）光照

光照与同化作用有密切关系，对果实品质和产量的影响极大。对树体来说，树冠外围光照较内膛充足，有机养分容易积累，碳氮比相对较高，因此花芽容易形成，萌生的结果枝较多，坐果率较高，果实发育良好，风味浓；相反，内膛光照不良，有机养分积累不多，碳氮比相对较低，花芽形成少，结果量少，也容易脱落，且枝条细弱，容易枯死，结果部位逐年外移，会形成“伞形结果”，不进行修剪的树，常常如此。栽植过密时，相邻树冠密接而郁闭，枝叶互相遮蔽，下部通风透光不良，结果部位仅分布在树冠顶部。因此，应注意栽植距离、修剪及其他栽培管理措施，尽量提高柿树的受光量，使其上下、内外生长一致，从而形成立体结果。

日照充足与否对产量影响极大。由于日照不足，枝条不充实，碳氮比下降，花芽分化不良或中途停止，开花量不多，而且坐果率降低。花期和幼果期阴雨过多，生理落果显著，会使产量下降。一株树上，南面日照充足，结果比北面多。

光照对果实品质也有一定影响，特别是着色开始至成熟这个时期，光照是否充足关系最大。光照充足，光合作用顺利进行，有机养分积累增加，含糖量高，着色好；相反，光照不足，含糖量显著降低，着色不良。

（三）水分

柿树抗旱、耐瘠薄能力强，在年水量450毫米以上的地方，一般不需灌溉。但是，由于根的细胞渗透压较低，生理上并不抗旱，所以抗旱能力有一定限度。根系吸水与地上部蒸腾失水出现不平衡时，也会严重影响柿树的生长发育。在苗期，在强大的根系形成以前很不抗旱。因此，在移栽过程中切忌根部干燥，移栽后，根部大大缩小，吸水能力降低，为了维持水分平衡，应将地上部适当剪去一些，天旱时应及时灌水。

（四）土壤

土壤由于受到气候、地形、成土母质、土层深度、地下水位高低等因素的影响，其物理和化学性质各不相同，对肥水的保持能力和通气性也不一样。柿树根系强大，吸收肥水的范围广泛，所以对土壤选择不严。无论是山地、丘陵、平原、河滩；肥土、瘠地；黏土、砂地都能生长。

为了获得高产、优质的果品并维持较长的经济收益时期，最好在土层深度1~1.2米以上、地下水位不超过1米的地方建园，尤以土层深厚、保水力强的壤土或黏壤土最理想。土壤过于黏重，雨后经常板结，土壤中空气含量较少，会妨碍根系呼吸作用的正常进行，对生长很不利。纯粗沙地过于瘠薄，肥水保持能力又差，很难生产优质果品。

土壤pH值在5~8的范围内，都可栽培，但以pH值在6~7时生长结果最好。一般地说，君迁子砧稍耐碱，柿砧稍耐酸。

（五）风与冰雹

风对柿树生长有一定影响。微风对生长无害，对柿饼加工有利；强风会使嫁接苗自接口处风折。果实成熟时会使果面磨损发黑，影响商品价值，甚至会将负担过重的粗枝折断。生长期中经常受风时，树体容易偏斜，且迎风面坐果量少。故栽培时应避免在风口建园。

冰雹虽是在局部地区发生的灾害，但危害较大，轻则打碎叶片，打断细枝，砸烂果实；重则会导致枝干上伤痕斑斑，难以愈合，树势显著衰弱。因此在有冰雹危害的地区，不宜作商品生产的基地。

二、园地的选择

（一）选择园地的要求

必须选择自然环境能满足柿树生长发育所需的温、光、水、土要求的地区建园，也就是说基地必须处于柿树适栽区。具体地说生产优质涩柿的温度需在年均温 11～20℃范围内，萌芽期温度应在 5℃以上，枝叶生长需要温度在 13℃以上，开花期为 17℃以上，果实发育期的温度应在 23～26℃的范围内，成熟期为 12～19℃；生产优质甜柿的温度需在年均温 13～18℃之间，生长期平均温度应在 17℃以上，果实成熟期温度 9 月为 21～23℃，10 月为 16～18℃，11 月为 12℃以上。年降水量在 500 毫米以上，年日照时数 1 400 小时以上，秋季日照 300 小时以上，土壤既不要过于黏重也不能是纯砂地，无大风、冰雹等灾害性天气危害的地方。

（二）园址的选择

园地的好坏，是建园成败的关键。虽然在适栽区内无论是平地或山地都能栽培，但是为了生产大果、优质的柿果，提高市场竞争力，对园地的选择是十分必要的。选择时应考虑以下几方面：

1. 地形、地势

不能在冷空气容易停留的山谷或低洼地栽培，也不要选在风口建园；坡度不宜过大，最好在 5°～15°的浅山缓坡地建园。柿树喜光，坡向以阳坡为宜。

2. 水源

选择离水源较近的地方建园，以便干旱时能及时灌溉。

3. 土壤

尽量选择土层深厚、有机质含量丰富、通气性良好、地下水位在 1 米以下、排水良好、不含碱的地方建园。

4. 交通

选择在离公路或干路近的地方建园。

（三）园地的设计与施工

1. 园地的设计

基地选定之后，应先作好整体规划和园地的基本建设，然后再栽树。园地规划方案大体如下：

生产小区的划分　划分小区时，可按地形、地势及土壤情况，并结合道路、排灌系统进行划分，面积 10 ~ 15 亩为一个小区。山地小区的长边应尽量与等高线平行，以便管理和保持水土。

道路设计　为了便于运输与管理，根据柿园面积大小设置必要的道路与公路相通。道路分干路和支路，路面宽度与质量应视运输量和经济效益而定。干路是贯穿基地的大路，外与公路相连，一般 4 ~ 6 米宽，以便通行便利。支路是从小区通向干路的，一般3 ~ 4 米宽。干路与支路都可作小区的边界。山地道路要修成“之”字形，可减小坡度，便于车辆行驶。山地支路设在梯田内侧。

水利设施的设计　灌溉系统的设置，自水源地至柿园，无论是提水或引水，都需一定设施，如机井、水泵、水闸、蓄水池、水渠等。究竟需要哪些设施，应视水源远近、来水难易，以及自身经济能力进行设计。年降水较多的地区还应考虑排水问题。一般水渠布局可与道路设计结合，灌水渠在坡上方，排水渠在下方。年降水较多地区的山地坡度大，雨季水流急，应在柿园最上方的边缘开一条较深的拦水沟，阻挡上坡雨水的下泻。沟的大小视上方集水面积而定，一般宽、深各1 米，保持 1% 的坡降，两端与排水沟相连。有经济能力的可考虑使用节水灌溉设备。

此外，在基地建设中，随着产量的增多，应考虑一些附属设施的建设，如分级包装场所、临时或永久性的贮藏库及运输工具等。

2. 柿园的平整

柿树适宜在土层深厚，有机质含量丰富，地下水位低，土壤通气性良好，地势平缓的地方栽培，但是，这样理想的地方很少。柿是多年生植物，园地的土地在种下以后难以再次平整，所以不论山地、平地或滩地，在栽树前都要对土地进行整理和改良。

山地应作好水土保持工程，如梯田或鱼鳞坑。建立梯田要求梯田外侧稍高，边缘有边埂，内侧有排水沟。鱼鳞坑要求深 1 米左右，直径 1.5 米左右，在坑的下坡用土砌成半圆形小堰，栽树后使坑内面外高内低，以便积蓄雨水。在两个鱼鳞坑之间以小沟相连能灌能排。以后再将鱼鳞坑逐年扩大，改造成梯田。

滩地的地势通常是大平小不平，局部地面高低不平，土壤瘠薄。建园前要平高、垫低，平整地面，掏砂、石换土或深翻破淤，将下层的淤泥翻上来。定植前后要种植绿肥，多施有机肥料，改良土壤，提高保水保肥能力。

3. 柿园防护林

营建防护林是大型果园的一项基本要求。防护林能防风，调节温度，保持水土，防止冲刷、涵养水源，减少水土流失，保证柿树的正常生长和发育。

营建规律一般为大柿园周围栽 3 ~ 4 行，小柿园周围栽2 ~ 3 行。营建防护林的树种最好落叶树与常绿树相互配合。常绿树应种在落叶树的外缘，灌木应种在乔木外缘，否则会因光照不良生长不好。树种一般选用当地优良乡土树种为宜。

三、柿园栽植技术

（一）苗木的选择

如果自育自栽，问题较少。但当今柿树种植大多正处于发展初期，苗木往往从外地购入。这样首先要求品种纯正，不要贪便宜买假货，等结果后才发现品种不对时损失就大了；同时要注意苗上有无病虫害，特别要防止带入本地没有的病虫害。在此基础上选择根系长，侧根多，伤口小，地上部粗壮，芽子充实饱满，接口愈合良好的苗子。

（二）定植方法

1. 定植时间

定植时间分秋栽和春栽两期。秋栽在苗子落叶以后的 11 ~ 12 月进行；春栽在土壤解冻以后的 3 月份进行。南方气候温暖，秋栽的时间可适当推迟，春栽的时间也可适当提早；北方冻土层厚，秋栽的苗木若不培土，地上部分易被抽干，以春栽为宜，但在春旱地区以秋雨季后趁墒带叶栽植为宜。

2. 栽植距离

柿栽植后 15 年内，树冠每年不断扩大，20 年后才基本稳定。树冠的大小与品种及土地肥瘠有关，所以栽植距离也有所不同。合理的栽植距离应该以树冠稳定以后，相邻的枝条互相不接触，全树通风透光良好为准。为了早期多收益，可在株间或行间加密栽培，栽植 8 ~ 10 年，枝条接触后再隔株间伐。一般甜柿初栽以 2.5 米 ×3 米为宜；涩柿以 2.5 米 ×4 米为宜，间伐后变成 5 米 × 3 米和 5 米 ×4 米。

3. 栽植

（1）栽植方式　在平地可用正方形或长方形方式栽植，正方形适用于株行距较大的情况，长方形适用于密植；山坡地可用三角形或沿等高线栽植的方式，在坡度小、梯田宽的情况下用三角形，坡度较大、梯田窄时沿等高线栽植。

(2) 定植穴的准备 定植穴大小应视土质不同而有差异，土质肥沃、疏松的，根系容易生长，定植穴的规格通常在0.8米见方；土质坚硬、瘠薄甚至有石块的地方，根系不易伸展，定植穴要大，深、宽都要1米以上，必要时再挖大一些。定植穴应在定植前挖好，春栽的最好在头年秋天挖好，以便使穴土在冬天进行风化，栽植后有利树的生长。挖穴时心土与表土分别放于穴的两侧。

栽植时先将心土与厩肥或堆肥再加少量过磷酸钙混合填入穴内，填至距穴上口地表20厘米时即可放入树苗，边填边振动树苗，使土流入根的缝隙中，填满后在穴周围修成土埂，再充分浇水，水渗下后用细土覆盖，防止蒸发。

植树应掌握深度，以苗的根颈与地面平齐或稍深5～10厘米为宜，浇水时若发现栽得过深的，可稍稍将苗提起，根基立即加土护住，待水渗完后再培土保护。

（三）直播建园与座地苗建园

1. 直播建园

按株行距确定点挖小穴，在穴中直播3～4粒种子，细心管理，使砧苗茁壮生长。翌年春季选壮苗嫁接成计划品种，或待苗干径达3厘米以上后，进行皮下接。嫁接成活后，按整形要求定干、选留主枝，并及时除砧芽。直播建园时，由于砧木根系完好无损，所以植株生长较快，也较经济。但幼苗分散、细小，需细心管理，才有良好效果。

2. 座地苗建园

按株行距先定植砧木，待长成大砧木后，再进行嫁接。砧木苗较嫁接苗有易成活、还苗快、长势旺、成本低等优点，在贫困的山区可以采用此法。

第五章　柿园土、肥、水管理

一、柿园土壤管理

土壤是任何作物正常生长的基础，柿园中的土壤决定着树体生长发育的好坏，根系在土壤中伸展的深浅与土壤的性质有很大关系。丰产的柿园一般土壤疏松、有机物丰富，透气性好，保肥、保水力强。但过去大多数柿树栽植在荒山、荒滩上，这些地方土壤瘠薄，土质化学和物理性能差，保水、保肥能力差，为了使树体能正常生长，延长盛果期，实现高产、稳产及高效的目标，必须改善土块理化性状，加强土壤管理。管理过程中要依据土壤的种类、柿园的实际情况和改良土壤的目标，实施深翻扩穴，中耕除草，结合施肥灌水，改善土壤中下层的理化性质，扩大根系分布范围，增加根系密度，促进生长和结果。

（一）深翻扩穴

柿树为深根性树种，喜好深厚、疏松的土壤，为给根系创造良好的生长条件，除在定植时就要深翻、挖大穴外，随着树龄增长，要适当扩大树盘，方法是在采收前后，结合施基肥，于定植穴外逐年深翻，扩大树穴。深度根据土质情况而定，对土壤瘠薄、质地坚硬的园地，深翻扩穴的深度应超过 80 厘米，土壤深厚、疏松的，深翻 60 厘米左右即可。通过深翻熟化土壤，加深活土层，改善土壤通透性，能提高土壤肥力。

（二）中耕除草

可疏松土壤，避免杂草与柿树争夺肥、水，增加通气性促进有机物的分解，有利于根系的吸收和树体的生长。也便于对树体进行其他的管理，还能破坏病虫潜伏越冬的场所。中耕除草一般次数不宜过多，太多反而会导致土壤流失，并使土壤腐殖质减少，破坏土壤团粒结构，影响土壤肥力。中耕除草一般在雨后或灌水后，特别是天旱时进行，可有效切断土壤深层与地表的通道，减少水分蒸发。

二、柿园科学施肥

（一）柿的营养特点

柿树根系分布深广，植物学性状是抗旱的，但生理上常表现为不抗旱，较耐涝；由于移栽后幼树扎根不深，表现为不抗旱。所以幼树阶段不能缺水。柿树吸收养分的时间比较晚，从萌芽、新梢生长到结果所需的养分主要依靠前一年储存的养分。

柿树根可在厌氧条件下正常生长，因此根可以扎得很深，属于深根性果树，对肥效反应很迟钝。施肥后柿树甚至2个月以上还无明显反应。柿树根系的细胞渗透压低，所以施肥浓度要低，要做到少量、多次的进行施肥。

柿树在休眠期也能极少量的吸收一些养分，但大量养分的吸收是在花后的5月下旬开始，6~8月吸收量最多。有资料显示，成年结果柿树吸收氮、磷、钾、钙、镁元素的比例分别是10:2:14:4:1，而未结果树或结果极少树吸收以上元素的比例为10:2:10:5:1。由养分吸收的比例看出，氮和钾的吸收量最大。而在成年的结果树中的需钾量更大。柿树在果树中需钾肥最多，尤其在果实肥大时需要量最多，往往从其他部分向果实运送。钾肥不足时果实发育受到限制，果实变小，后期尤应增加钾的供应；但钾肥过多，会导致果皮粗糙，外观不美，肉质粗硬，品质不佳。

（二）肥料的种类

柿园内施肥应以农家肥为主，减少化肥的使用量，化肥可用作追肥。生产有机果品，严禁使用任何化肥和农药，虽然目前国内各地均达不到这个要求，但应逐步向有机生产过渡。

1. 农家肥

包括人粪尿、饼肥、厩肥、绿肥及各种畜禽水产品下脚料等。农家肥含有丰富的氮、磷、钾元素，而且肥效长，能改善土壤结构，提高土壤肥力，广大的农村有大量的农家肥，可以就地取材进行施用。

2. 化肥

一般在生长季节用作追肥。大多化肥所含营养元素为单一成分，如尿素、氯化钾等，也有含有多种养分的复合肥和专用复合肥，如磷酸二氢钾、钙镁磷及多种商品复合肥等。化肥施用不当，容易流失或造成肥害，长期使用会导致土壤板结，因此不能过多、单一的使用化肥，而应与有机肥配合使用。

（三）施肥的时期

1. 柿树最需养分的时期

第一期：柿树从萌动、发芽、枝条生长、展叶到开花结果的（3 月中旬至 6 月中旬）这一系列生长发育过程中所需的营养，均来自先一年贮藏的养分。这些养分必须在休眠之前吸收完毕。

第二期：生理落果以后，主要是促进果实膨大，追肥以钾肥为主。

第三期：果实采收以后（10 月下旬至 11 月上旬），主要是恢复树体营养，积累养分贮藏。

2. 施肥时期

应掌握在以上三个最需养分期之前施入，提前的时间应包括肥料分解时间在内。也就是说，施入速效性化肥时，可距需肥时期近些；施用迟效性的有机肥时，距需要时间远些，若施入的是未经腐熟的农家肥，则应更早。

一般基肥以有机肥为主，在采收前后（10 ~ 12 月）施入，追肥以化肥为主，第一次在生理落果以后施入，第二次在果实膨大期施入。在土壤肥沃、树势强健的情况下，第二次追肥可以省略；相反，若土壤瘠薄、树势衰弱的，在3~4月发芽时再追施一次。

基肥中氮肥要占60%~70%，其余氮肥可在生育期追施；磷肥全部在基肥中施入；钾肥容易流失，而且在果实肥大过程中是必需的肥料，所以基肥和追肥时均匀施入为宜。

（四）施肥的方法

1. 施基肥

基肥以施用充分腐熟的厩肥、鸡粪、堆肥、饼肥等有机肥为主，化学肥料为辅。基肥一年施一次，结果树可在果实采收后至土壤结冻前施入，也可与追肥中的采果肥同时施入。

常用的基肥施肥方法有环状施肥、放射状沟施肥及条沟施肥等。

（1）环状施肥　在冠幅边缘，挖深、宽各为30~40厘米的环形沟，将肥料与表土混合均匀施入，埋好即可。此法多用于幼树。

（2）放射状沟施　以树干为中心，向四周挖深20~40厘米、宽30厘米、长1~2米（依树冠大小而定），外深内浅的幅射状沟4~8条，施入肥料后填平。该法多用于成龄树。

（3）条沟状施肥　幼树、大树皆可采用此法。在劳力、肥料不足时，可逐行、隔行挖沟，结合深翻进行。

（4）全园撒施　盛果期柿树的根系已布满全园，此时，可将部分肥料撒在树盘内，翻入土中，使肥料深浅结合，效果更好。但容易导致根系背地生长，故应与其他方法结合使用。

2. 施追肥

追肥根据柿树生长结果需要，以生物肥为主，化肥为辅，大树多施，小树少施。环状开浅沟施入，沟深10厘米，施肥后及时覆土。旱季结合浇水，或调成水肥直接浇施。幼树每年施3次追肥，化肥每次0.05~0.1千克/株，于萌芽期、春梢停长期和8月上、中旬施入，前两次以氮素肥料为主，最后一次施入氮、磷、钾三元复合肥（不含氯）；盛果期的柿树1年施追肥4次，化肥每次0.2~0.5千克/株，分别是花前肥、稳果肥、壮果肥、采果肥，花前肥施氮、钾肥，稳果肥施钾肥，壮果肥施磷、钾肥，采果肥于采果结束后10天内氮、磷、钾配合施入。

为了充分发挥追肥的效果应注意以下几个问题：

①根据根系分布情况，决定施肥位置和深度。平原栽植的，根系分布深，追肥可稍深；山区栽植的，根系分布浅，追肥可稍浅。

②氨态氮肥，随施随埋，避免挥发散失，降低肥效。

③施用化肥时，应注意方法，特别是氨水更应注意浓度、深度，防止烧根。

④根据肥料种类、性质决定施肥深度。如氮肥在土壤中移动性强，因此，施肥的深度可稍浅。钾肥移动性较差，磷肥移动性更差，所以，磷、钾肥施到根系集中分布层为宜，而且应分布均匀。因磷肥易被土壤固定，施肥更应均匀，并应与有机肥混合腐熟后施用。

3. 根外施肥

根外施肥又叫叶面喷肥，是把速效性肥料配成一定浓度的溶液，喷于叶面的一种施肥方法。

（1）根外施肥的优点

①用肥量小，发挥作用快。一般喷后15分钟到2小时即可被叶片吸入。

②满足柿树的急需。施入土壤的养料只有经过根系吸收、转化和运输才能进入叶片、芽和果实中，而根外喷肥的肥料可直接进入叶片和果实中，不受养分分配的限制。

③节约肥料。叶面施肥可以防止肥料在土壤中流失、分解及固定，从而能节约肥料。

④省工、省力。叶面喷肥可省去挖施肥坑的劳力，若与喷药结合进行则更省。

（2）常用的种类和浓度

①氮素肥料。尿素 0.3% ~0.7%。

②磷素肥料。过磷酸钙及磷酸二氢钾浸出液，浓度 0.3% ~3%，磷酸铵为 0.1% ~0.5%。

③钾素肥料。以 3% ~10% 的草木灰浸出液为主，其他如氯化钾、硫酸钾和磷酸钾等浓度为 0.5% ~1%。

④微量元素。一般以 0.5% 为宜。

一般在花期（5 月中旬）及生理落果期（5 月下旬至 6 月中旬）每隔半月喷一次尿素，后期可喷一些磷钾肥。

（3）根外施肥应注意的问题

①施用时间以 10：00 ~11：00 以前或 16：00 以后为宜，中午炎热，肥料在进入叶片前常会蒸发变干或浓度变大，易灼伤叶片。另外，夏季中午温度高，叶的气孔关闭，肥液被吸收的速度减慢。

②阴雨天、刮风天不宜喷肥。阴雨天喷肥，雨水会把肥液冲洗掉，而且肥料吸收速度减慢；刮风天肥液不易附着在叶面上。

③肥液尽量喷到叶背，因为肥液主要从叶背的气孔进入。

④叶幕基本形成时方可喷肥，前期浓度应稍小（尿素0.3% ~0.5%），叶片充分成长后浓度可适当加大（尿素 0.5% ~1%）。

⑤根外施肥应尽量与喷药结合进行，以节省劳力。

三、柿园的地膜覆盖穴贮肥水技术

针对目前大多数柿园建立在立地条件差、无水源的地点，柿园中的地膜覆盖穴贮肥水技术是一项节水栽培管理技术。该技术可达到尽可能截流、利用自然降水，最大限度地供给柿树需水的目的。该项技术具有方法简便，取材容易，投资少，见效快，节约用水，广泛适用于干旱缺水的柿园的特点。

1. 肥水穴建造

（1）*肥水穴的设置* 春季土壤解冻后，及早在树冠边缘挖40厘米深、直径35厘米的圆形肥水穴，肥水穴数量依树冠大小而定，冠径3~4米的挖4~5个穴；冠径5~6米的挖6~8个穴。

（2）*草把的制作和处理* 采用玉米秸和麦秸混合绑成直径30~35厘米、长35~40厘米的草把，把绑紧扎实的草把放在水中浸泡1~2小时使整个草把被水浸透。

（3）*肥水穴埋方法* 将处理好的草把立于肥水穴中央，在草把周围施入掺有农家肥和磷钾肥或复合肥的混合土。每穴约施入农家肥4~5千克，复合肥50~100克，随填随捣实，草把顶部覆土1~2厘米，随即浇水，水渗下后对肥水穴及整个树盘进行整理，使肥水穴低于地面1~2厘米，形成盘状以利于施肥、浇水。

（4）*覆盖地膜* 在肥水穴上覆盖地膜，可选用0.03毫米厚的聚乙烯薄膜，大小为60厘米×60厘米。把地膜的四周用土压紧，中间用土均匀压实。在每个肥水穴的中央将地膜开一小孔，以供日后浇水、追肥或承接雨水用。小孔平时要用瓦片盖严，防止水分蒸发。

2. 肥水穴管理

浇水 从柿树开始萌芽到新梢旺长期每隔10~15天浇1次水，秋季9~10月份，可视干旱情况每隔10~15天浇1次水。每穴每次浇水量以3~6千克为宜。

施肥 除在埋草把时施肥外，分别在花前、坐果和新梢速长期结合浇水进行追肥，前期追肥以速效氮肥为主，每穴每次施尿素50克，8月份以后适当增施磷、钾肥，每穴每次施入50~100克。

肥水穴一般可维持2年，草把应每年更换1次，如地膜破损应及时更换。再次设置肥水穴时位置要相互错开，另挖新穴。

穴贮肥水地膜覆盖不仅对保持土壤水分和养分有很大作用，而且能提高早春土壤温度，促使根系活动提前，增强吸收土壤养分和水分的能力。此法还可使1/4以上的根系处于正常生长的环境中，基本满足柿树对水肥的需求。穴贮肥水地膜覆盖后土壤水分充足，温度适宜，透气性好，有利于土壤养分的释放，土壤中速效氮、磷、钾的含量明显提高。另外由于草把被微生物分解时产生的二氧化碳，土壤的溶解度提高，使土壤中微量元素有效性增加，利于果树根系吸收利用。总之，穴贮肥水地膜覆盖技术对改善果园土壤的理化性状，提高保水保肥能力，培肥土壤、健壮树体，提高产量与品质有明显效果。

第六章　柿树整形与修剪技术

传统栽培的柿树，放任生长，骨干枝紊乱，结构不合理，内膛空虚，结果部位外移，呈伞形结果，树体高大，难于管理。现代化柿树栽培，整形修剪也是重要的一环。整形修按品种特性，结合立地条件进行人工诱导，使各主、侧枝合理布局，定向发展，形成牢固丰产的骨架。通过修剪，调节树势，充分利用空间，提高光能利用率，集中营养，增加产量，改善品质；将树冠控制在一定范围内，便于操作管理，提高功效。

一、柿树特性与修剪

1. 枝干生长特性

（1）幼树直立，分枝角小，容易劈裂　幼树生长旺盛，萌发的枝条长，停止生长迟，而且常有二次生长；座地苗嫁接的因根系大，地上部生长更旺，发枝多，易徒长，枝条多而直立向上生长，基角很小。成枝角小的枝条，几年后虽然已经变粗，从外表看起来很结实，实际上分叉处是腐朽的，遇风暴的压力或负担过重容易劈裂（图 6－1）。在修剪时，要采取诱枝、拉枝、去直留斜等方法开张枝条伸展的角度。并要留下预备枝，以免主枝折断后造成

图6－1　成枝角小易劈裂

不可挽回的损失。

（2）柿树喜光，遮蔽处枝条易枯　柿树叶大喜光，当直射光照不足时，枝条贮藏养分不足，冬季容易抽干，开春后不发芽，枝条枯死脱落。使下部枝干光秃，结果部位外移（图6－2）。修剪时要注意通风透光，尤其是密植园更须注意。妥善处理重叠枝、交叉枝和密生枝，使枝枝透光，叶幕不能太厚，避免相互遮荫。以中午阳光照到地面呈花影为宜。

（3）隐芽寿命长，受刺激极易萌发　柿的隐芽寿命很长，受到刺激便能萌发，特别是副芽成形成的隐芽更容易萌发（图6－2）。在修剪时可利用这一特性，改造树形或枝条更新。隐芽萌生的生长势和数量与所处位置有关，在粗枝上、斜伸枝的上位芽容易萌生徒长枝，适宜摘心补空；在3～4年生小枝上或斜伸枝的侧位芽萌生的枝条茁壮，是理想的结果母枝更新。

1　　　　2

图6－2　枯枝与隐芽

1. 下部枝枯死　2. 隐芽萌发状

（4）地上地下的平衡一旦被破坏，会向新的平衡方向发展　柿树也和其果树一样，地上部和地下部的根系大小成正比的，一旦平衡被破坏，会向新的平衡方向发展。例如起苗时根被挖断，根部大缩小，定植以后，抽生的枝叶短小，根系损伤越多，枝叶越短小；相反，当座地苗嫁接时，根部没有受损，而地上部缩小了，接穗萌生的新梢生长旺盛，枝长叶大，根系越大枝叶生长量越多。在重剪时也表现出这一特性，因此可以用于衰老树的更新。

（5）优势与劣势　相差悬殊（图6－3）。

①顶端优势与侧位劣势。直立的枝或斜伸枝，顶芽萌生的枝

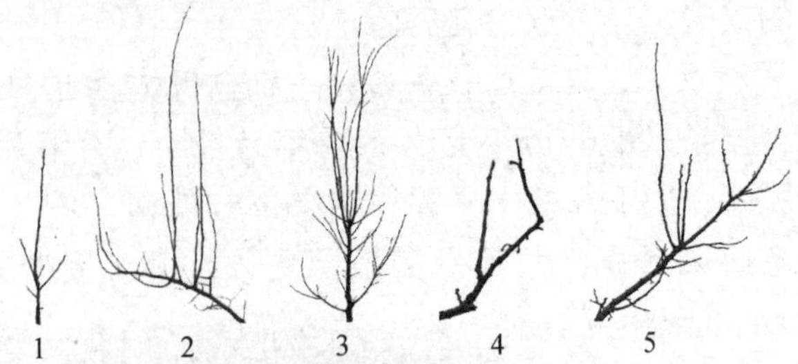

图 6－3　优势与劣势

1. 顶端优势与侧位劣势　2. 上位优势与下位劣势
3. 粗枝优势与细枝劣势　4. 挺直优势与曲折劣势
5. 垂直优势与水平劣势

条粗壮，生长势强，侧芽萌生的枝条较细弱。

②上位优势与下位劣势。斜伸的枝条上位芽萌生的新梢粗长，侧位或下位芽所萌生的新梢比较细弱。

③挺直优势与曲折劣势。挺直的枝条养分输送顺畅，生长势旺；曲折的枝条，养分输送不畅，生长势较弱。

④粗枝优势与细枝劣势。粗枝的养分多，细枝的养分少。粗枝上萌发的隐芽，往往成为徒长枝，而在细枝上萌生的成为结果枝或发育枝。

⑤垂直优势与水平劣势。茎的生长点有背地性，表现了垂直优势，如果将枝条拉成倾斜或拉平，生长势明显减弱。同是顶芽萌发的枝条，直立枝上萌生的新梢的生长势较斜生枝萌生的强。

上述特性若能正确地、灵活应用，可以调节树势，增加产量。

此外，应注意的是，柿树木质脆硬容易折断，且易腐朽。柿树与核桃、苹果、桃等树木不同，枝条木质脆硬易断，缺乏韧性。在枝条尚未长粗之前，不可攀登。在整形时要留有主枝的预备枝，以免主枝被折断后，造成不可挽回的损失。结果枝也要尽量靠近骨干枝，不要在距骨干枝过远的细长枝上着生，以免枝条因果实逐渐膨大，重量增加而折断。大枝的锯口处应涂防腐剂保护。

2. 开花结果习性（图6－4）

（1）花芽　柿树的花芽是混合芽，花芽生在枝条顶部数芽。粗壮的结果母枝萌生结果枝多，结果枝粗壮的结果也多。雌花生在结果枝的中部，雄花生在弱枝上。作为授粉树用的品种，除过密的枝条以外，细枝不要疏去。

图6－4　开花结果习性

1. 发育枝　2. 结果母枝　3. 结果枝　4. 花

（2）隔年结果现象经常发生　柿的花芽开始分化时，正值幼果迅速膨大期，需消耗大量养分，如果树体养分不够，花芽分化不良，第二年结果便少；翌年花芽分化时，因结果少消耗养分不多，花芽分化良好，第三年结果就多。如此反复，便出现隔年结果现象。

（3）生理落果多　柿树生理落果较其他果树严重，尤其在生长过旺、授粉不良、修剪不当、或栽植过密、氮肥过多、病虫危害时更加严重。

二、与修剪有关的名称和基本技法

1. 树体的相关名称

树体的相关名称如图6－5所示。

（1）树体骨架名称

主干　从地面到第一个分枝的树干部分。

领导干　在主干以上，生分枝的中央树干部分。

主枝　由领导干上着生的一级分枝，其上能萌生侧枝、结果枝组等，起主要作用的骨干枝。

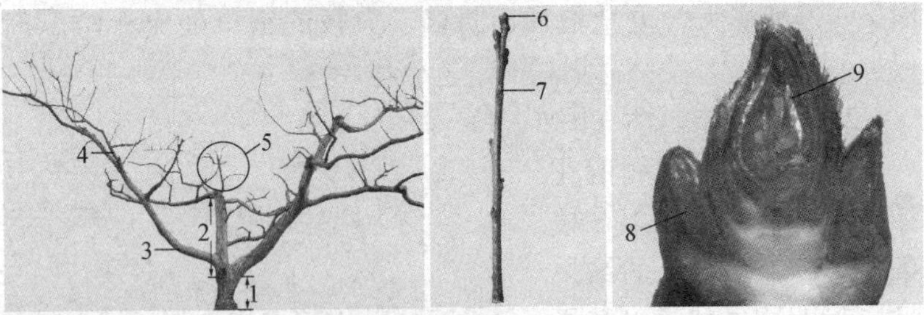

图 6－5　树体的相关名称

1. 主干　2. 领导干　3. 主枝　4. 侧枝　5. 结果枝组
6. 伪顶芽　7. 侧芽　8. 副芽　9. 主芽

侧枝　在主枝上萌生的分枝，其上面产生结果枝组、结果母枝和营养枝等，也是骨干枝之一。

结果枝组　在主枝或侧枝上着生，其上着生许多结果母枝。

（2）芽的名称

A. 以在枝条上着生位置区分。

伪顶芽　位于枝条的顶端，因枝条停止生长时，生长点枯死，最上面的侧芽代替了顶芽。

侧芽　除伪顶芽外的其他生在叶腋的芽。

B. 在同一芽中所处的位置区分。

副芽　位于鳞片下，因被鳞片所包被，平时看不到，一般品种不发芽，当主芽受伤时便发芽。

主芽　位于芽的正中，芽尖常露出鳞片外面，是每年抽生新梢的芽。

C. 以芽的饱满程度区分。

饱满芽　芽子大而饱满，位于枝条上部，多数品种的芽尖裸露。

次饱满芽　位于枝条中下部，仅见鳞片。

瘪芽　位于枝条下部，很小，微露鳞片。

（3）修剪类型　修剪类型如图 6－6 所示。

短截　剪去枝条先端一部分的方法称短截。根据剪去部分的多少，分轻剪、中截、重截3种。

疏剪　自枝条基部剪除的方法称疏剪。

长放　长度在50厘米以上的一年生枝枝条，保持原状的称长放。长放能缓和树势，促生结果母枝，长放枝条之间的距离不能太近，要留出足够的生长空间。

图6-6　修剪类型

1. 短截　2. 疏剪　3. 长放

2. 修剪的基本技法（图6-7）

回缩　对多年生枝剪去先端一部分的方法称回缩。

去老换新　生长势日益衰老的枝条，剪去衰老部分，留下新生枝条，以增强树势。

去直留斜　对生长势强旺或树姿直立的树，将直立往上生长枝条剪去，留下斜伸的枝条。以缓和树势，开张角度，增大树冠。

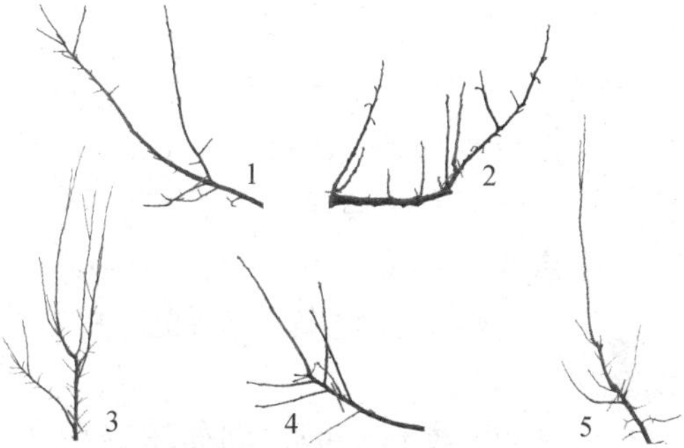

图6-7　修剪的基本技法

1. 回缩　2. 去老换新　3. 去直留斜
4. 去密留稀　5. 去强留弱

去密留稀　枝条密集，通风透光不良，须将过密的枝条疏去，使留下的枝条有足够的生长空间。

去强留弱　在树势旺盛的树，欲缓和树势，须将强旺枝剪去，留下生长势较弱的枝条，以缓和树势，使营养生长转为生殖生长。

3. 对扰乱树形的枝条的处理（图 6－8）

穿膛枝 与枝条总趋向相背，穿过中心向另一方向伸展的枝条。处理时应从基部疏去。

竞争枝 生长势与领导枝相仿的枝条。对这种枝条处理时，一是把竞争枝疏去；或把原来的领导枝疏去，换成竞争枝作头。

并行枝 生长方向相同，位于左右相邻的枝条。处理时去一个留一个，将方位角不理想的枝条剪去，留下方位角比较理想的枝条。

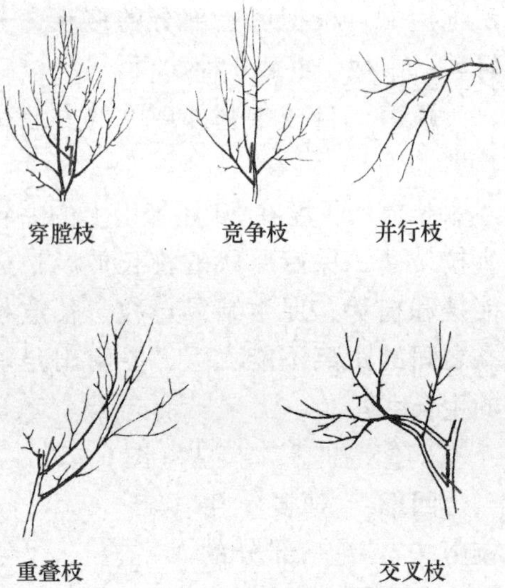

图 6－8 对不合理的枝条修剪

重叠枝 生长方向相同，两枝位于上下关系的枝条。处理时去上留下。将上面枝条自基部疏去或回缩到不影响下面枝条的光照。

交叉枝 两枝方向不同而相互交叉，处理时去一留一。留下方位合适的枝条。

4. 剪锯口防腐

柿树木质坚硬，但容易腐朽或干裂。对于直径在 2 厘米以上的剪锯口，应在削光之后，用防腐剂涂抹保护，防止腐烂和开裂，利于愈合。防腐剂以日本产的尼龙胶防腐剂最好，也可用国产的或油漆、接蜡、封剪油等涂抹，不过效果较差。

三、柿树整形

1. 自然开心形

自然开心形的树体结构（图 6－9，图 6－10）为：主枝数以

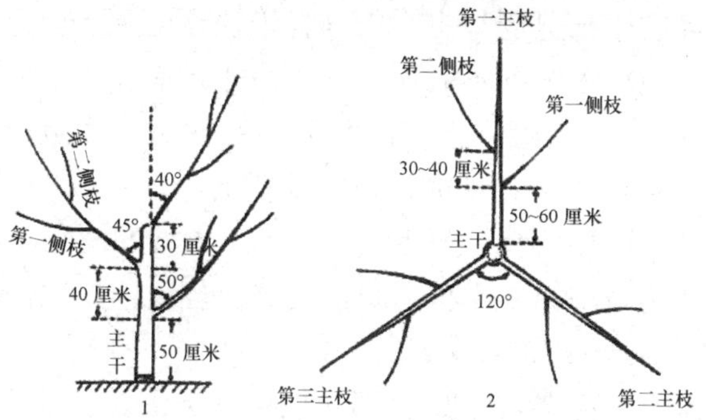

图 6－9 自然开心形的树体结构

1. 侧面图 2. 俯视图

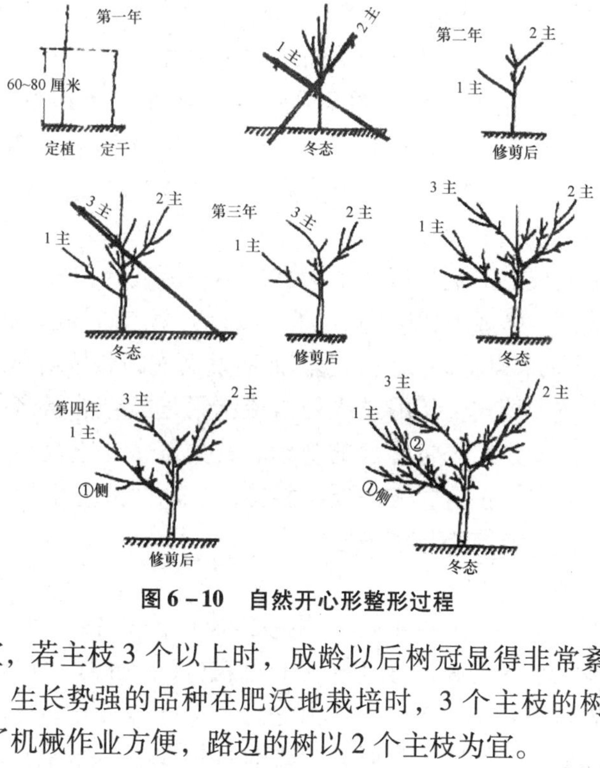

图 6－10 自然开心形整形过程

3 个为宜，若主枝 3 个以上时，成龄以后树冠显得非常紊乱，无法改造。生长势强的品种在肥沃地栽培时，3 个主枝的树势稳定早。为了机械作业方便，路边的树以 2 个主枝为宜。

主枝位置高低对枝条伸长和树势影响很大，位置低的生长势强，位置高的生长势弱。主干的高低取决于经营方式、机械化程度、坡度、地力等情况不同而异。一般平地栽培的柿树，主干距地面40~60厘米为宜，主枝间距离不宜太近，太近会造成“卡脖”现象，不仅主干容易劈裂，而且树液流动不畅，树冠内枝条也容易紊乱，应该避免。第1主枝与第2主枝的间隔距离30厘米左右，第2主枝与第3主枝之间距离20厘米以上。坡地栽培的柿树，主干以距地面30~40厘米为宜。

主枝水平分布各占120°，即两枝夹角为120°。为了树冠在园内均匀分布，奇数行的每株树的第一主枝都要朝一个方向，偶数行的第三个主枝都朝另一个方向。坡地栽培的柿树，为了便于管理，第1主枝应朝下坡方向，这样，树冠低，第三主枝生长也健壮。

随着树的长大，结果量不断增加，主枝的负担日益加重。成枝角太小的，基部常受粗皮阻隔，结合不牢，负担过重容易劈裂。从实践经验来看，第1主枝成枝角应为50°以上，第2主枝为45°以上，第3主枝为40°以上为宜。下部枝主枝比上部的生长势要强，所以角度要大。

每个主枝上的侧枝以2个为宜，第一侧枝的位置，不能太靠近主枝基部，一般要距基部50厘米以上；第二侧枝的位置应距第一侧枝30厘米以上。侧枝应选侧面萌发而成的壮枝培养。

在主枝和侧枝上培养结果枝组或结果母枝，数量多少、配置是否得当，这是结果量多少的基础。其数量多少应视主枝或侧枝的生长势而定，位置、方向要互相错开。从两侧着生的芽萌发而成的结果枝组或结果母枝最好。

2. 变则主干形

变则主干形一般由4~5个主枝组成（图6-11，图6-12），随着管理水平的提高，逐渐推行低冠栽培，除土壤深厚栽植的树势特强的品种外，以4个主枝为好。主干比自然开心形高，间隔距离也较宽。开始留主枝时，不必像自然开心形那样明确，可以多留几个，逐年选留，5~7年形成骨架。主枝不要重叠，也不能

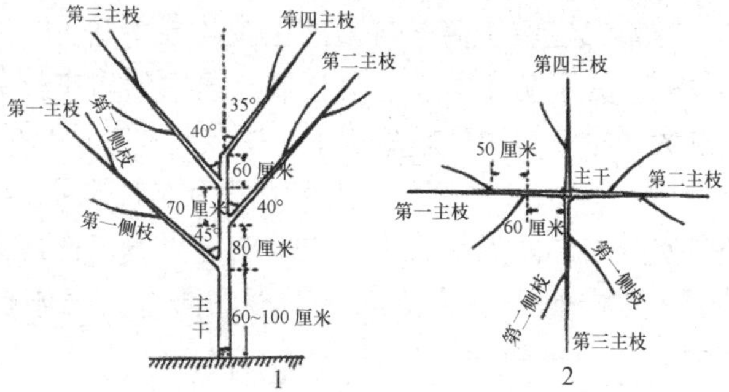

图 6－11　变则主干形的树体结构

1. 侧面图　2. 俯视图

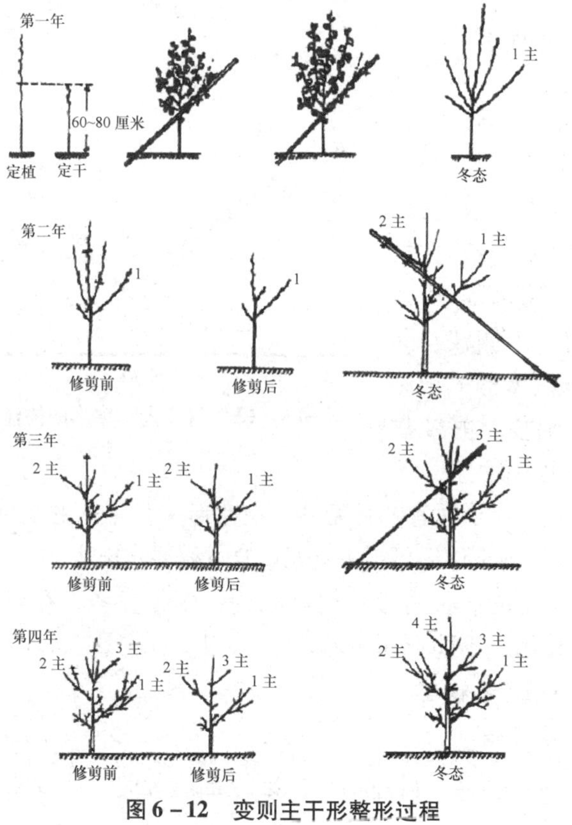

图 6－12　变则主干形整形过程

平行。第一与第二主枝、第三与第四主枝均成180°角，4个主枝成十字形排列。为了防止劈裂，要选成枝角大的作主枝，因主枝的间隔距离大，尽量挑选理想的枝条作主枝。

一个主枝上留1~2个侧枝，全树有7个左右即可。位置与角度可参照自然开心形。当最后一个主枝选定以后，在其上方锯去中央领导干，这样便完成了变则主干形的整形，完成整形约需5~8年时间。

3. 倒“人”字形

适于树冠开张型的品种，株行距2~3米×5~6米密度的柿园。

树体结构（图6-13）：干高40~60厘米，树高控制在2.5~3.0米。2个主枝，主枝长2.5~3.0米，成枝角45°以上；距基部30~50厘米的一个侧枝，间隔30~50厘米的另一侧再留1个侧枝。侧枝数量依行距大小而定。

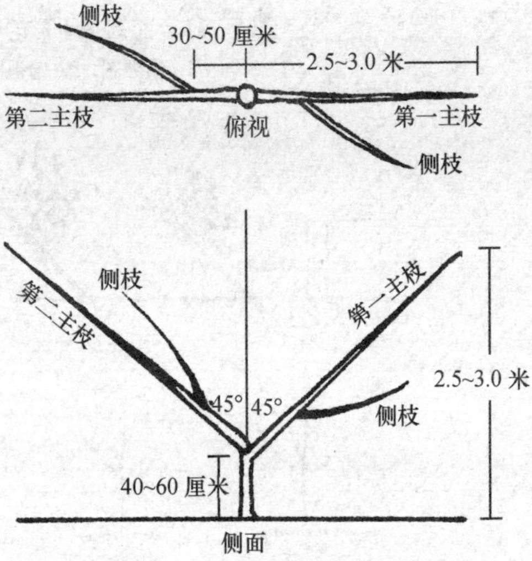

图6-13　倒“人”字形的树体结构

倒“人”字形适宜宽行密株，在整形头几年，主枝最好用固定的支架引诱，成形以后可折去支架。全过程要防止背上枝生长过旺。

以上介绍的3种树形的树体结构，仅作参考，在整形过程中应该灵活动用，不能死搬硬套。

四、柿树的修剪

1. 休眠期修剪

（1）幼树修剪　目前柿园都采取加密栽培，因此在修剪时要将永久树和加密树分别对待。对于留作永久树的，要以整形为主，根据整形的要求，选留部位和方向合适的枝条作为主枝和侧枝。因幼树生长旺盛，生长停止较迟，顶端优势强，分枝角度小，木质很脆，容易折断，所以要适当多留些枝条，作为主侧枝的后备。修剪时要着重调整主侧枝的开张角度和方位角，防止树形偏斜，培养牢固的骨架。首先疏去穿膛枝、交叉枝和并生枝，处理好竞争枝、重叠枝，对骨干枝的延长头一律短截，不能留果，使各级骨干枝的延长头均处于优势地位。少疏剪多短截，增加枝量和迅速扩大树冠，为早果丰产打好基础。当主枝生长牢固以后，及时将后备枝剪去，在合适的部位将领导干短截。对于不影响延长枝生长的其他枝条，可适当留下作结果，过密的地方疏去一些，过长的适当回缩。对空间大的旺枝要及时摘心，促进分枝。在树形初成以后，要特别注意限制树高，枝条之间的从属关系明确，延伸方向要与主、侧枝伸展方向保持一致，使之骨架挺直，养分运输顺畅。

对于临时加密的树，以结果为主，修剪时先将扰乱树形的穿膛枝、竞争枝、并行枝、重叠枝、交叉枝正确处理以后，要少截多疏，保留顶芽，因为顶端数芽可能萌生结果枝；注意培养小枝使成为结果母枝。与相邻的永久树的枝条接触时，要为永久树枝条的伸展让路，必要时将加密树间伐。

（2）结果树的修剪　结果树的修剪分为初果期修剪和盛果期修剪两种情况。

初果期的柿树　在修剪时，要注重平衡树势，完善树形，培养结果枝组。疏去后备主枝，明确骨架枝的从属关系，运用优势与劣势的规律来调节、稳定成中庸偏旺的树势，继续处理好各类扰乱树形的枝条，在合适部位开心，控制树高。

盛果期树　对盛果期树要控制结果母枝的数量，调节负载量，防止产生大小年。

修剪时应注意以下几点。①疏去位置不适当的大枝、全部疏去10厘米以下的细弱枝和内膛过多的萌蘖，改善通风透光；②对衰弱的多年生枝，适当回缩，促使后部发生健壮的新枝，以防早衰；③要加强结果枝组的配置与更新。结果枝组在骨干枝上配置是否合理，这是丰产的关键。配置时，位于顶部的小，基部的大，使主枝或侧枝上的结枝组，无论在水平或垂直方向都呈三角形（图6－14）。结果枝组的修剪要放缩结合，更新复壮。衰老枝组，适当回缩。已连续结果3年后的结果枝组，要从基部疏去，利用副芽抽生结果母枝或粗壮的发育枝，进一步培成新的结果枝组，使结果部位尽量靠近骨干枝，便于养分输送，防止结果部位外移；④培养粗壮的结果母枝，结果母枝长度以30～40厘米最适宜，均匀地配置在树冠内外，在主枝、侧枝或结果枝组上排列，要左右错开，结果母枝间距离，视结果母枝的生长势而定，粗壮的距离远些，较细的距离近些。通常同方向的结果母枝间隔30厘米左右为宜；⑤控制结果母枝数量。观察树势的强弱，花芽的多少，整树结果母枝较多时，可适当疏去一部分，数量少时要尽量保留。一株树上留多少结果母枝为宜，应根据树龄、树势和栽培管理等情况而定出计划产量，再算出应留的结果母枝数，而后按去密留稀、去老留新、去直留斜、去远留近，去弱留强的原则进行修剪。

（3）小老树的修剪　因各种原因造成树势极度衰弱，枝条细

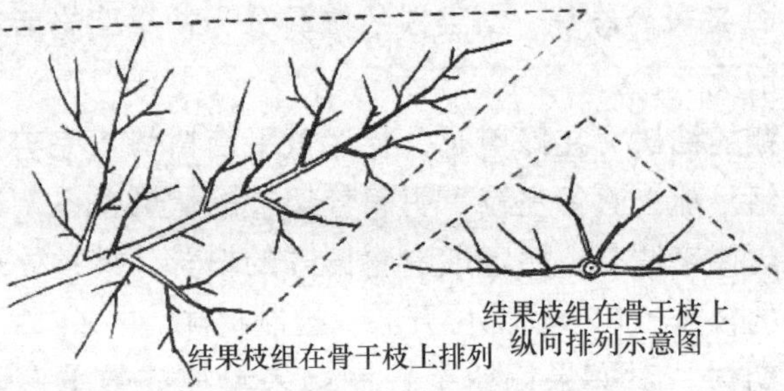

图6－14　结果枝组的配置

短，甚至枝枝见花，节节有花的小老树。在修剪时，先疏去无芽枝，再以去老留新、去弱留强、多年生枝回缩更新等手法进行更新复壮。对于枝枝见花、节节有花的树，如果放任不管，将会枯死，因为开花的节位是盲节，没有芽子。所以必须在现蕾期进行重剪挽救生命，将部分枝条疏去花蕾，留下叶片制造养分，一部分枝条回缩到直径1厘米以上的枝段上，促使隐芽萌发，产生新芽，供翌年萌芽抽枝。

（4）放任树的修剪　对于放任生长未行修剪的幼树，要随树造形，切忌强求树形的美观。应将现有的粗枝，因势利导，选留可作主枝的粗枝，疏去多余的枝条，调整枝角和方位角，逐步形成骨架；及时开心，控制树高。

对于放任生长的大树，针对其树体高大、大枝紊乱、内膛空虚、伞形结果的缺点，应着眼逐年改造树形出发，首先将部位不当的穿膛枝、重叠枝、过密枝、病虫枝锯去，再将留下的大枝用落头或回缩的方法，改善通风透光条件，促使内膛隐芽萌发新枝。落头和回缩的轻重，可根据树体情况而定，原则上是上部的大枝落头重，下部的大枝回缩轻。为避免一次修剪量过大，可分年有计划地进行。

2. 生长期修剪

夏季修剪是对冬季修剪的一种辅助管理措施。主要工作有：

（1）抹芽　在新梢萌发以后至木质化之前进行。首先将大枝的锯口附近萌生的无用芽、光秃带上的隐芽萌发的多余芽，及位置不适当的新梢（如斜伸枝的上芽、内向芽）等全部抹去，以免徒耗养分。大枝上的隐芽萌发很快，大约每隔十天需要抹芽一次。

（2）摘心　对有利用价值的徒长枝在长达20～40厘米时，应在先端未木质化处摘心，控制生长，促使发生二次枝。到秋天，有些品种的二次枝顶端也能形成花芽，成为结果母枝。对于结果枝在末节花以上留2～3片叶后摘心，促进果实长大。

（3）现蕾期复剪　为了正确调节结果量和枝量，并为培养结果母枝打好基础，从现蕾后至开花前进行补充修剪。因冬剪时不能准确判断是否是花芽，往往会多留些枝芽，现蕾之后能确切知道是否有花，能开多少花。此时补充修剪可以正确调整枝条量和花量；当花量过多时，剪去一些枝叶和疏去过多的花蕾，减少营养消耗，集中供给留下的枝条和花；通过复剪，能削弱顶端优势和上位优势，抑制强旺枝的生长，有利培养结果母枝；复剪后加强了通风透光，可提高坐果率和果实品质，减轻大小年趋势。

（4）诱枝　对于幼树进行诱枝是一项开展枝角的有效措施，对树姿不开张的品种尤其重要。诱枝应在新梢木质化以前进行，可按理想角度和方向设一竿，将嫩梢宽松地缚在竿上，待新梢长至一定长度，再束缚一次，如此重复，使枝条按理想生长。

（5）剪秋梢　幼树和旺树的枝条生长停止晚，先端不充实。于立秋后20天左右起将不充实部分剪去，以减少养分的消耗，促使留下的芽发育或形成结果母枝，也为下年增加发枝量打下基础。

此外，还有花期环剥和疏蕾疏果措施，将在下面章节中叙述，广义地说也可算作夏季修剪的内容之一。

第七章　花果管理技术

一、生理落果原因

柿树落花、落果有 2 种情况，一种由病虫、人、畜、鸟兽和风等外界因素引起，另一种由柿树本身生理失调引起，称为生理落果，也是落果的主要原因。

柿生理落果大体有 2 个时期，第一次是开花后至 7 月上旬，其中以 6 月上中旬落果最严重，约占落果总数的 80%，也叫前期落果，表现为幼果连同果蒂一起脱落；第二次在 8 月上旬至 9 月中旬，叫后期落果或采前落果，表现为只落果不落蒂。

造成柿生理落果的原因，主要有以下几个方面。

1. 品种差异和授粉不良

品种不同，生理落果程度有很大差别，如大红袍、伊豆等品种落果率达 80% 左右，水柿、玉环长柿等不易落果。有些品种单性结实力强，不需授粉果实也可正常发育。有些品种必须授粉果实才能发育，当缺少授粉树或花期阴雨，授粉、受精不良，没有形成种子的果实几乎全部脱落，如富有、松本早生富有等。

2. 营养不足

柿树成花容易，开花量大，消耗养分多，花芽形成期及着生部位不同，争夺养分的能力不同，从而造成部分花芽养分不足，发育不良而脱落。

花期和幼果期连续阴雨，光合产物不足导致部分幼果得不到足够营养而脱落。土壤贫瘠又未及时施肥，整个生长过程中严重缺肥就会大量落果；缺氮或氮肥过多也会助长落果。

3. 土壤水分不足或变幅太大

土壤水分过干或过湿，均可妨碍根系对养分的吸收；天气干旱，土壤缺水，或土壤水分变幅过大，如久旱突遇大雨，也都会造成落果。

4. 修剪不当

适当的修剪，可以使柿树树冠整齐，透光率好，有利增产。然而，不适当的修剪则会增加枝叶生长和果实生长，造成两者争夺水分与养分，从而导致落果。

二、保花保果措施

根据引起落花、落果的原因，采取下列措施保花保果。

1. 加强肥水管理

加强肥培管理，提高土壤肥力，培养健壮的树体；保持土壤湿度，减少土壤水分的变化幅度，维持树体正常的生理活动，可有效提高坐果率。

2. 合理修剪

通过适当的修剪，如疏删或回缩修剪，剪除病弱枝，可维持良好的树体结构，改善通风透光条件。大年疏去或回缩位置不合适的大枝，疏去或短截部分结果母枝，早疏花、严定果，保证合适的叶果比。小年多留结果母枝，少短截。从而达到合理控制结果量的目的。

3. 改善授粉条件

对单性结实能力弱的品种，应配置授粉树；花期天气不好时进行人工辅助授粉，从而提高坐果率。另外，花期柿园内放蜂，也有利于改善授粉条件。

4. 花期环剥

花期对营养生长过旺的结果树，在直立性、徒长性的大枝基部、结果母枝中部进行环剥处理，宽度为 3 ~ 6 毫米，最宽以不超过15毫米为宜。深以达形成层为度，可以缓和树势，防止或减少落果。但环剥要配合肥培管理，切忌对优势树、老树环剥，更不能年年滥用环剥。

5. 叶面喷肥

柿盛花期和果实迅速膨大期，叶面喷施多元素的营养液肥，如0.3%～0.5%的尿素、磷酸二氢钾及钼酸铵、硼砂、硫酸钴等微肥，以提高坐果率。

三、疏花疏果

柿子在国内长期以来被认为是铁杆庄稼，耐粗放管理，产区群众很少有疏花疏果的习惯，柿果品质不高。由于柿成花容易，进入盛果期后，结果量增多，产量与质量矛盾非常突出。一般产量过高，品质降低，要想生产优质大果，必须限定单位面积产量，并避免出现大小年，而疏花疏果是其重要的栽培措施。

1. 疏花疏果的作用

柿树结果过多时，果实大小不整齐，且大多数是小果，质量降低，又因树体养分消耗过多，花芽分化不良，翌年结果很少，不能稳产。如‘富有’甜柿成花能力强，1个枝条上可开花3～6朵,如果不疏花疏果，每枝条可挂果2～3个，多时可达5个，遇到大年，结果枝多，树上柿果似葡萄一样，果多个小，商品价值不高。

在显蕾期疏蕾、开花期疏花、生理落果后疏果，能大大减少体内养分的消耗，既能使留下的果实长大，又能促进花芽分化，保证翌年有较高的产量。若仅仅以疏果来调节结果量，则效果不很明显。因为柿的花芽分化是在7月上旬开始的，此时以疏果来促使花芽分化，已为时过晚。只有与摘蕾配合进行，尤其是一个结果枝只留一个蕾，效果更为明显。年年果品优质，丰产、稳产。

2. 疏花疏果的时期与方法

疏花与疏果全年分2～3次进行，第一次在开花期，第二次疏果在生理落果后。疏蕾与疏果并非越早越好，当结果枝上第一朵花开放的时候开始至第二朵花开放的时候结束，为疏蕾的最适期。一个结果枝上开多朵花时，一般是基部向上第2~4朵花坐果率最高，生成的果实最好，因此疏蕾时在基部向上第2~4朵花中选留1~2朵花以外，将结果枝上开花迟的蕾全部疏去。初次结果的幼树，将主、侧枝上的花蕾全部疏掉，使其充分生长。早疏蕾，花柄很容易用指掐断，若过迟，则花柄木质化后便不易掐断。

疏果能提高产量，早疏果则更有利于幼果发育。然而，柿树生理落果严重，为此，疏果宜于7月上旬生理落果即将结束时进行。先将发育不良的小果、萼片受伤果、畸形果、病虫果等疏去，向上着生的果实易受日灼也应疏去。选留不易受日光直射的侧生果或侧下生果，大而深绿色、果形高而匀称、萼片大而不受伤的幼果，尤其是萼片大的果实最容易发育成大果应尽量保留。由于疏果时果柄已经木质化了，很难用手掐断，必须用疏果剪进行。

3. 留果量

树势强弱对留果量影响颇大，最好保持中庸的树势，这样养分的利用率最高，结果量最合适。叶对果实的发育关系最大，叶数多果实发育好。如修剪后留的结果母枝数量合适时，富有、次郎、磨盘柿、恭城水柿等平均单果重在200克以上的大果型品种，叶果比为20~25:1最为适宜，一般30~40厘米以上的长结果枝平均每枝只留1个果为好；兰溪大红柿、摘家烘、孝义牛心柿等平均单果重120克左右的中果型品种，每个长结果枝留果1~2个；火柿、火晶、火灌、橘蜜柿等单果重40~90克的小果型品种，每个长结果枝平均留果2~3个；中等长度结果枝留果量相应减少；只有5片叶以下的小枝一般不留果，主枝与侧枝的延长枝上也不留果，以促进主枝和侧枝的生长。留下的果实要较均匀分布在全树。

第八章　柿果采收贮藏及加工

一、采收、分级与包装

1. 采收

柿子采收方法按应用的目的而有区别，加工柿涩汁、柿子粉用的，应在8月份可溶性单宁含量最高时采收；用于脆柿上市的涩柿的，可在着色以后2星期左右采收；甜柿着色时虽已能吃，但风味不佳，应在最佳可食期采收为宜。以软柿食用的，在充分成熟以后采摘较好，此时含糖量高、风味也好。加工柿饼用的柿子，应在果实由橙色转红时采收，通常需在霜降后果实尚未软化时采收，此时果实含糖量最高、加工成的柿饼品质最优。用于鲜果贮存的在果实成熟而果肉仍然脆硬、表皮由淡黄色转为橙红色时采收。为了统一采收标准，各地可按品种成熟进程，制成成熟度比色卡，按比色卡的标准颜色采收。

柿子属于浆果，果柄和萼片干后很硬，极易戳伤果实而引起腐烂。因此，作为鲜食用的柿子，需直接从树上剪取，轻拿轻放，防止碰伤，现代成园栽培的柿园，植株低矮，能够做到（图8－1）。对祖上传下来的柿树，树体高大，无法剪取，需用采果器、捞钩、夹竿等工具采摘。采下后再剪去果柄，操作过程都要轻拿轻放，

图8－1　采收

采果笼筐内要衬垫软物，盛装不要过满，运输途中要防止颠簸。阴雨天采收的柿子湿度太大，容易腐烂，因此，采收要在晴天、果面干燥后进行。

2. 分级与包装

为了提高柿子的商品价值，便于运输、销售和贮存，采收后须进行分级。数量不多时可用分级板加目测的方法，进行手工分级；大规模分级时，多采用流水线机械分级。

图 8－2 分级流水线之去劣

分级时首先剔除病虫果、伤果、污染果及畸形果（图 8－2），再按大小或重量分级。例如次郎、阳丰：特级果横径在 80 毫米以上，一级果横径 70～80 毫米，二级果横径 60～70 毫米，三级果横径 60 毫米以下。富平尖柿：一级果单果重 180 克以上；二级果单果重 151～180 克，三级果单果重 150 克以下。

富有、次郎分级标准 （日）和歌山

级 别	LL	L	M	S	SS
单果重（克）	260	220	190	160	130
15 千克一箱的标准果个数（个）	56	64	72	84	

注：果重在 310 克以上为特级果 LLL。一箱为 7.5 千克时个数是 15 千克一箱的一半。

一般远销品种都用纸箱或泡沫塑料箱包装，箱子大小的规格，应按品种、用途而自行设计制作。作为礼品的，应设计精美、方便，小巧精致；以商品销售的，应按果形大小、高低，及搬运方便而定。箱子的质量，需考虑耐压程度、路途远近、成本高低等因素制作。就地销售的，用筐、箱、盘等散装出售；贮存至淡季销售的，可用瓦楞纸箱、木箱或塑料转运箱等包装。

二、脱涩

柿子果实含有很多单宁物质，它存在于单宁细胞内（图8－3），若果实中可溶性单宁含量0.3%以上，吃起来一般就会感到很涩，如果可溶性单宁含量小于0.3%就不涩了。因此，只要将柿果内的单宁，由可溶性状态变为不溶性状态就能除去涩味，柿子就脱涩了，这种变化过程就叫脱涩。

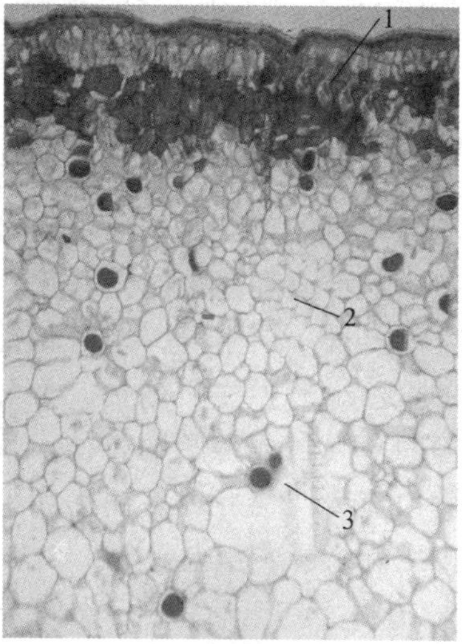

图8－3　果实横切面

1. 果皮　2. 普通果肉细胞　3. 单宁细胞

脱涩的方法很多，传统的有：温水脱涩法、冷水脱涩法、石灰水脱涩法、酒精脱涩法、自然放置法、植物叶（辣蓼、松针等）脱涩法、刺伤脱涩法、鲜果脱涩法、碱液脱涩法等等，这些方法适用于家庭、作坊小规模经营。

现代商业性脱涩过程中，脱涩后以软柿供食的柿子，多采用乙烯利法，以脆柿供食的则包括用脱涩剂脱涩和二氧化碳脱涩两种，部分品种也有用真空脱涩的。

1. 脱涩剂脱涩法

柿子采收后，拣去成熟度差的柿果和病虫果、碰伤果及过于成熟的柿子，剪去果柄，细心装入0.08毫米厚PE袋中，装柿子的PE袋事前要经过检查确认不漏气的才能用，同时按比例装入脱涩剂和保脆剂，脱涩剂用量约为果实重量的1%，挤出多余空气后密封，经7～15天后便可脱涩。

这种脱涩法简单、方便、效果明显，最适合远销途中脱涩。

要注意：脱涩的速度与品种、温度和药量有关。采用此法前必须先作试验，明确所经销的柿子品种脱涩所需时间，以便确定市场方向和远近，使运到目的地刚好完成脱涩。

2. 二氧化碳脱涩法

在脱涩场地，铺好完整的聚乙烯薄膜，将装好柿子的转运筐，整齐地堆码在聚乙烯薄膜上，堆好后再摆一层空筐，用密封性强的聚乙烯薄膜气帐罩住，并与下面的薄膜封成密闭的整体。从进气口充入二氧化碳，使密闭的帐内二氧化碳浓度达到65%～70%，在10月下旬以后，由于外界温度低，浓度可增至70%～75%（图8－4）。

图8－4　二氧化碳脱涩装置

脱涩过程中应注意如下几点。①需脱涩的柿子成熟度应一致；②二氧化碳注入以后，要定时检查，发现浓度降低，应及时充气补充；③装果筐堆码以后在上面堆一定数量空筐，使气帐内空隙率保持在60%以上；④最上层覆盖一层干草或草包，以吸收帐顶凝结的水珠，以防帐内湿度过大；⑤当气温低于20℃时，应有简易加温装置，提高帐内温度；⑥脱涩完成后，及时撤去气帐，排去二氧化碳，换入新鲜空气，避免柿果二氧化碳中毒，而引发刺激味和褐变。

3. 真空脱涩法

有些品种在真空状态下能完成脱涩，将这类品种逐个装在聚乙烯袋内，抽成真空即成。

4. 乙烯利脱涩

将柿子果柄剪去，滴1滴乙烯利在剪去的果柄处，待乙烯利渗入后，便可装箱待运，经3～10天便可脱涩。也可以用250～1 000毫克/千克的乙烯利水溶液于采收前在树上喷布，直至果面潮湿；或于采收以后，连筐在上述浓度中浸渍3~5分钟，沥去余液，都能达到脱涩的目的。脱涩的速度快慢因品种、成熟度、药液浓度、时间长短及气温高低而异。用乙烯利脱涩简便有效、成本低廉、规模大小均可，后熟快而均匀，能减少损耗，节省劳力，在树上喷布时，可控制采收时间，可调节市场供应。脱涩后的柿果，色泽艳丽而加深，无药害，但柿子很快变软，因此，在树上喷布脱涩的必须及时采收（图8-5）。

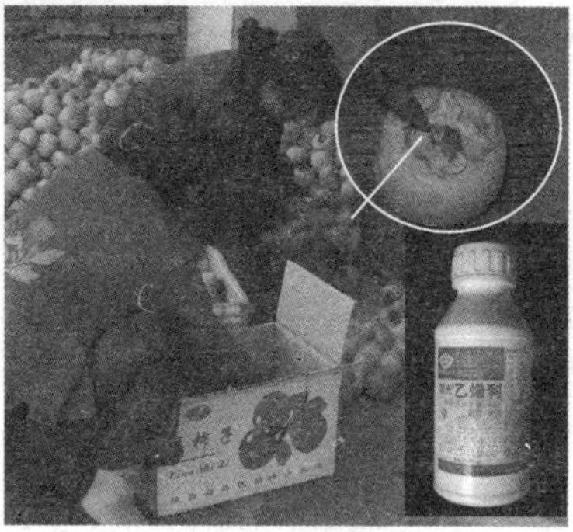

图8-5　用乙烯利处理

三、贮藏保鲜

贮藏保鲜可以延长供应期，调节市场供应。贮藏期长短与柿子品种的耐贮性、果实的质量好坏，及贮藏的环境条件有关。一般晚熟品种比早熟品种耐贮藏，含水少的比含水量多的耐贮，同一品种中迟采收的比早采收的耐贮藏，没有脱涩的比涩脱的耐贮，完整无损的果实比病虫伤果耐贮。贮藏的环境条件中对温度高低、湿度大小、气体成分及生物等因子关系密切。高温会加速呼吸作用，使营养物质消耗，易受病菌感染；低温能抑制呼吸，可延长贮藏期，但温度过低容易冻伤，变褐；湿度过大，果面有水珠，易发霉变质。空气中氧太多，含糖量降低，味变淡。空气中含有乙烯气体，柿子很快变软。这些都应密切注意。

现在比较实用的有冷冻贮藏和冷库贮藏两种。

（1）冷冻贮藏　用于冷冻贮藏的柿子，应在霜降以后采摘为宜，此时柿果成熟度高，果皮变厚，耐贮性强。柿的果梗很硬，采摘后要进行修整，以免刺伤其他果实。剔除病、虫、伤、软果，留下完好果贮藏。经挑选好的柿子先放在-20℃以下的冷库里1~2昼夜，使果肉充分冻结，停止生命活动。然后在-10℃左右的条件下贮藏。这样可以较好的保持柿果的色泽和风味，并可以较长时期保持品质不坏，甚至可以作到周年供应。化冻时要慢慢地解冻，温度不能升得太快，否则会严重脱水，不能恢复原状，失去商品价值（图8－6）。这种贮存方法，对我国喜食软柿的消费者较适宜，尤其是寒冷的东北，有得天独厚的自然条件更加实用，而不适宜东南亚等国家喜食脆柿的人群消费。

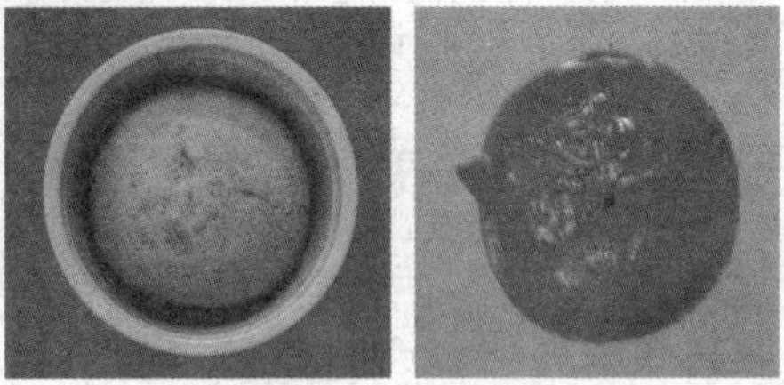

1　　　　2

图8－6　冷冻贮藏

1. 冷冻的柿果　2. 解冻后

（2）*冷库贮藏*　无论是半地下室冷库、地面建设的冷库或活动冷库，只要能保温、保湿，并能换气，都可用来贮藏柿子。

在果实贮存之前首先要对使用的冷库和容器消毒杀菌，贮藏时不能与其他果品混合贮藏，以免产生乙烯气体对柿子贮藏不利，贮存过的也要通风换气。贮藏用的柿子应该在果实成熟而果肉仍然脆硬、表皮由淡黄色转为橙红色时采收。要在晴天采收，久雨初晴不可立即采收，否则果肉味淡且容易腐烂。采收时要轻拿轻放，尽量避免机械伤害，采后要剪短果柄，严格剔除病虫伤果，装入容器后放在阴凉通风处预冷。在大量贮存之前必须搞清欲贮藏的品种最适温度，因不同品种最适温度是不同的，冷库调控设备是否灵敏，最好先作小规模试验，以免造成损失。

一般冷藏的温度为（0±1）℃，经过预冷的柿子入库时，库内温度维持在5℃左右，入库后再逐渐降至最适温度，湿度控制在85%～90%。

有条件的冷库将空气成分中氧气调节到2%～5%、二氧化碳为3%～8%，没有乙烯气体。

若配合采前喷高钙、赤霉素等防衰老的措施，贮前用薄膜袋小包装、放入含高锰酸钾的保鲜剂，库内挂浸过仲丁胺的布条等辅助措施，贮藏效果会更好。

四、加工

1. 柿饼

是我国特产，传统方法有原料处理、干燥、出霜三步，现在市场喜欢红饼，则可省略出霜环节。

（1）原料处理　选用形状整齐、果大、表面光滑、含水适中、味浓甜、果肉无褐斑、无核或少核的品种作原料，在充分成熟而未软化时采收，采后挑去病、虫、伤果，再按大小、成熟度分开；然后摘去萼片，剪掉果柄（挂晒用的柿子需留“丁”字形拐把）。削皮时用特制的刮皮刀或削皮机（图8-7），薄薄的削去柿皮，柿皮要削干净，仅留柿蒂周围5毫米宽的果皮。

图8-7　削皮与工具

1. 削皮刀　2. 削皮　3、4、5. 削皮机

（2）干燥　干燥实质上是水分蒸发过程，同时伴随脱涩、软化。目前干燥的方法有以下两种。

①晾晒法。传统上以日光晒干，现在提倡风干。晾晒场地应选在地势宽敞、空气流通、无尘土飞扬、阳光充足的地方。各地晾晒习惯不同，大体有挂晒和平晒两种。

平晒　架高1米，上铺竹箔、高粱秆箔，南方常用竹编的大孔筛。把刮去皮的果实，果顶朝上排放在泊上晾晒，并要经常翻动（图8－8）。

1　　2

图8－8　晾晒

1. 平晒　2. 挂晒

挂晒　晒架上挂有松散的绳，将刮皮后带有“拐把”的柿子，逐个夹在松散的绳上，按大小分别挂在架上晾晒，两串相距不要太近，以利通风（图8－8）。

晾晒过程要进行揉捏，以促进软化脱涩，缩短晾晒时间，提高品质，但较费工。

②人工干燥。目前多采用烘烤方法，烤房形式不一、大小不等，只要能达到干热的目的都行。方法是将去皮后的柿果整齐地排列在烤筛上，进行烘烤。烘烤时温度起初不能太高，以40～45℃为宜，否则酒精脱氢的活动受到抑制，可溶性单宁不沉淀，烤出来的柿饼仍有涩味。等脱涩以后温度升到50～60℃，加速水分蒸发。后期由于果内水分减少，水分内扩散缓慢，温度再降到45℃以下，以免出现“硬壳”、“渗糖”现象。

烘烤过程要注意通风，控制湿度在40%以下。前期湿度大，排气窗要开大；以后随着湿度减少而逐渐关闭。

烘烤中要及时揉捏，方法与晾晒法相同。由于烤房内温度不匀，要倒换烤筛的位置或装风机搅匀温度；为了提高烤房的利用率，可分批倒换，轮流烘烤。失水率为60%～65%时停止。

全部时间依果实品种、大小、含水量多少、烤房性能及所装果实的多少不同而有差异，一般烤成需2～5天。

人工干燥的特点是加工场地小，时间短，不受天气影响，产品干净卫生。

我国柿饼形状有横向捏扁成圆饼形和纵向捏扁成桃形2种（图8－9）。外形整齐美观，是提高商品价值的重要因素，采用哪种形状较好，应随品种而异，长形果以纵向捏扁为宜，扁形果则横向捏扁较好。

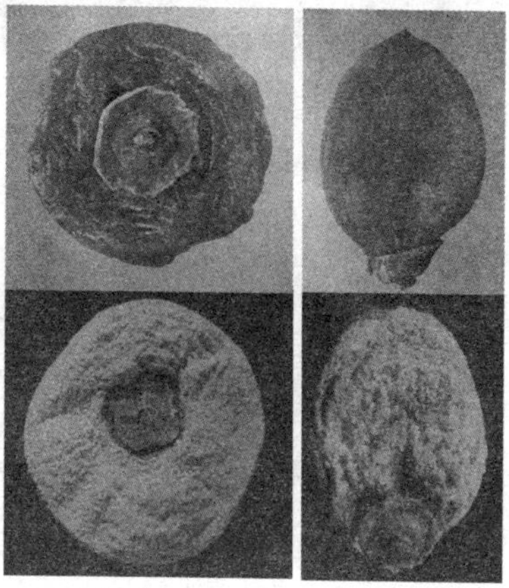

1 2

图8－9 柿饼形状

1. 饼形 2. 桃形

传统的柿饼外面有一层白色的粉状物—柿霜，它是柿饼中的糖随水渗出果面所凝结的白色固体，主要成分是甘露醇、葡萄糖和果糖。但是，现在很多消费者，愿意购买不出霜的柿饼，不出霜的柿饼称“红饼”。红饼晒成后，入冷库冻存。

（3）出霜 将晒成的柿饼装入容器（缸、纸箱）内或堆在板上，厚40～50厘米，用麻袋、塑料布等罩住。经4～5天，柿饼回软后，糖分随水向外渗出，在通风处堆凉，果面吹干后便有柿霜出来。能否出霜与柿饼的干湿度有关，太干或太湿都不好，一般以柿果失水60%～70%左右为宜。

2. 其他加工品

其他加工品如图8－10和图8－11所示。

（1）柿酒 柿果中含有很多还原糖，主要成分是葡萄糖、果糖和甘露糖醇等经酒精发酵作用，分解成酒精和二氧化碳。柿子

1 2 3 4

图8-10 其他加工品-1

1. 柿酒 2. 柿醋 3. 柿蜜 4. 鲜柿酱

1 2 3 4 5

图8-11 其他加工品-2

1. 柿脯 2. 柿叶茶 3. 柿脆片 4. 柿软片 5. 柿酥片

酒有发酵酒（黄酒）、白酒和配制酒。制酒需要一定的设备。

（2）柿醋 酿醋是将柿果中的糖经酒精发酵成酒，再经醋酸菌的作用变成醋。

柿果原料洗净破碎后，装大缸里，拌入醋曲，加盖。室温保持30℃上下，每天搅拌2～3次。若发酵后温度过高，要倒缸。

经6~7天，用手抚摸有光滑感，握至无响声时，取出放在木槽里。每50千克加谷糠15千克，用手拌匀后，再装入缸内，仍用苫盖。3天后再行搅拌，每天3次，连续进行4天，便可淋醋，每50千克加水60千克，浸2小时后开始过滤，滤出液为原醋，再加同量的水，浸2~3小时重复过滤一遍，滤出液为二遍醋。

规模较小时，可将破碎后的柿果装入缸内，封盖，冬季放在屋内，以免缸被冻破裂。翌年春移到屋外日晒，提高温度而发酵。发酵1个月左右，掺入麦秆，混拌均匀，倒入凉水，浸渍一昼夜。过滤2~3次，即成。出醋率达200%~300%。

（3）柿蜜　洗干净的鲜柿软后去蒂，搅成糊状，煮至起渣，过滤、澄清、浓缩，即成。

（4）鲜柿酱　洗干净的鲜柿软后去蒂，搅成糊状，滤去皮渣，加防腐剂，装罐（袋）密封，冷藏待售。

（5）柿脯　鲜柿以脆柿食用法脱涩后，削皮、去蒂、纵切2~4块，用无菌水加0.2%柠檬酸漂洗，在真空中渗糖，糖液浓度逐渐加大至60%以上。烘干、涂胶，干后包装，加脱氧剂密封。

（6）柿叶茶　在未喷农药的柿树上，当柿叶生长停止而未老化时采取；将柿叶投入85℃的热水中浸15秒钟，随即移入冷水缸内降温，冷却后提出，风干或用真空干燥法烘干。待充分干燥后粉碎，装入容器内密封，即成为柿叶茶。为了调正口味，也可加入金银花等材料。柿叶茶的饮用方法与普通茶一样，用滚开水冲泡。泡出来的茶色黄绿，味道清香中有微甘。

（7）柿片

脆片　脱涩后脆柿，削皮、去蒂、切成2毫米厚的薄片，在60~80℃的温度下烘干。成品甘甜酥脆，清洁卫生，耐运输，可长久储存，但要防虫蛀和返潮。

软片　脱涩后脆柿，削皮、去蒂、切成2毫米厚的薄片，渗糖调味，烘烤，包装。

酥片　脱涩后脆柿，削皮、去蒂、切成2毫米厚的薄片，用冷冻干燥法制成，密封包装。甘甜酥脆，不失营养。

（8）其他各种小吃　可用柿及其加工品，进一步加工成各种小吃。如桂花白糖柿子饼、油炸柿面饼、柿糕片、柿羹、八宝饭等（图8－12）。

1　　2　　3

图8－12　再加工产品

1. 柿糕片　2. 桂花白糖柿子饼　3. 油炸柿面饼

第九章　柿主要病虫害防治

一、主要病害

1. 柿角斑病

（1）*发生与危害*　此病危害柿叶和柿蒂。叶片受害后，最初在叶子正面出现黄绿色病斑，边缘较模糊，形状不规则，病斑内的叶脉黑色，之后病斑边缘颜色逐渐加深呈浅黑色，中央呈淡褐色（图9－1）。由于病斑扩展受到叶脉的限制，形状变为不规则的多角形。后期病斑上密生黑色绒状小粒点，病斑背面开始时呈淡黄色，以后颜色逐渐加深，最后成为褐色或黑褐色，亦有黑色边缘，但不及正面明显。病斑上也有黑色绒状小粒点，但较正面少。发病严重时多数病斑相互融合，布满大半叶，以致凋枯脱落。危害柿蒂时，病斑多在柿蒂的四角开始发生，后向内扩展，没有固定的形状，呈深褐色，病斑两面都能产生黑色绒状小粒点。

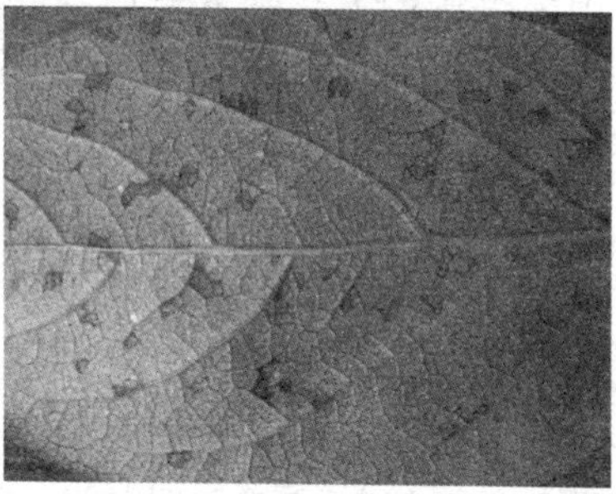

图9－1　柿角斑病

（2）*流行规律*　角斑病菌以菌丝体在病蒂及病叶中越冬，留在树上的病蒂是主要的初侵染来源和传播中心，翌年6～7月产生分生孢子并借助风雨传播。温度在20℃以上并且湿度较大情况下，孢子即可萌发，萌发后产生芽管，在叶背的表皮蔓延生出分枝，由叶片上的气孔入侵，进行初侵染，潜育期25～38天。因此，5～8月份阴雨较多的年份，发病严重；君迁子较柿树容易发病，所以，靠近君迁子的柿树发病较重。一般8月初开始发病，8月份为发病盛期，大量出现病斑，9月份便落叶、落果。病蒂常能在树上残存2～3年，病菌能继续生存，成为每年初次侵染的主要病原和侵染中心。

(3) *防治方法* ①清除病原。结合冬季修剪，彻底剪除挂在树上的柿蒂，这是减少病菌来源的主要措施，只要彻底清除柿蒂，即可避免此病成灾。②加强栽培管理。增施有机肥料，提高树体抗病能力；降低果园湿度，创造不利于病菌繁殖的条件，从而达到控制病害的目的。③喷药保护。在落花后20～30天，喷一次1:2～5:600倍式的波尔多液，即硫酸铜0.5千克，石灰1～2.5千克，加水300千克。重点保护叶子和柿蒂，预防角斑病菌的侵染和蔓延。若喷65%的代森锌可湿性粉剂500～600倍液，须每隔5～7天，连喷2～3次，可有效地控制此病发生。④避免柿树与君迁子混栽。君迁子的蒂特别多，为避免其带病侵染柿树，应尽量避免柿树与君迁子混栽。

2. 柿圆斑病

(1) *发生与危害* 此病主要危害柿叶和柿蒂。有慢性和速发性两种类型。慢性的圆斑病在发病初期在叶子正面产生黄褐色圆形小斑点，无明显边缘，逐渐扩大成圆形褐色病斑（图9－2）。之后病斑渐变为深褐色，中心色浅，外围有黑色边缘。一般病斑直径约3毫米，最大可达7毫米。随后叶片变红，病斑周围出现绿色或黄色晕环，后期在病斑背面

图9－2 柿圆斑病

出现黑色小粒点。严重时在 5 ~ 7 天内即可变红脱落。病株果实小、味淡、容易提早变软脱落。

速发性的圆斑病病斑干绿色至淡褐色，无明显的边缘，病斑很快相连，病叶不变红就脱落。柿蒂上发病较迟，病斑也较少。

（2）流行规律　病原菌以菌丝在病叶或病蒂上越冬。翌年 4 ~ 5 月形成子囊壳，子囊孢子在 6 月中旬成熟，借风雨传播，8 ~ 9 月开始发病，一年仅有一次入侵。一般来说，上一年病叶多、当年 6 ~ 8 月雨水多时，此病发生较重。此外该病发生程度也与品种、树势的强弱有关，树势衰弱，发病较重。

（3）防治方法　①清除病原菌。秋末冬初至翌年 6 月，彻底清除落叶，集中烧毁，消灭越冬的病原菌。②加强栽培管理，增强树势，提高抗病能力。③喷药保护。在落花后 30 天（6 月中旬）喷布一次 1:2 ~ 5:600 倍式的波尔多液保护叶片，以防孢子萌发入侵。另外，选用药剂如 65% 代森锌可湿性粉剂 500 倍液喷洒 1 ~ 2 次，效果也较好。

3. 柿炭疽病

（1）发生与危害　主要危害新梢和果实，也可危害叶片（图 9 – 3）。

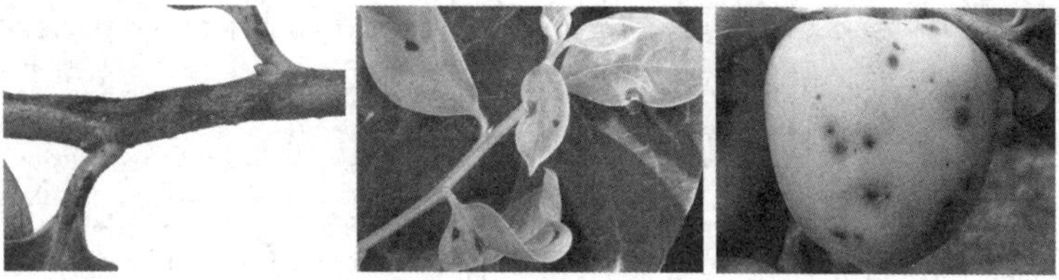

1　　2　　3

图 9 – 3　柿炭疽病

1. 枝上病斑　2. 叶上病斑　3. 果上病斑

枝条发病多在 5 月下旬至 6 月上旬于嫩梢上发病，发病初期产生圆形小黑点，扩大后呈长椭圆形，黑色或黑褐色，中部凹陷，并有褐色纵裂，表面产生小黑点（分生孢子盘）。在潮湿情况下，小黑点溢出粉红色黏状物（分生孢子团）。病斑长约 10～20 毫米，病斑下的木质部腐朽，病梢极易在病斑处折断，当病斑环绕新梢一周时，病斑上部的枝条就枯死。

果实多在 6 月下旬至 7 月上旬或 8 月下旬至 9 月上旬发病。发病初期在果面产生针头大小深褐色或黑褐色小斑点，后逐渐扩大为圆形或椭圆形的病斑，直径约 5～10 毫米，微凹陷。病斑外围黄褐色，中央密生有略呈轮纹状排列的灰黑色小粒点（分生孢子盘）。小黑点遇湿可溢出粉红色黏质的分生孢子团。病斑下的果肉成黑色硬块。一个病果上可产生多个病斑，病果提早脱落。

叶片上的病斑多发生在叶柄和叶脉上，初为黄褐色，后呈黑色，病斑长条状或不规则状。由于叶脉受病后不再长大，叶肉继续长大，造成叶片扭曲。

（2）*流行规律* 病菌以菌丝体在枝条上的病斑上越冬，也可在病果、叶痕中越冬。翌年初夏产生分生孢子，通过风雨和昆虫进行传播，从伤口或直接进行初次侵染。气温在 9～36℃范围内时，病菌都能活动，但以 25℃最适宜繁殖和发展。在 53℃条件下，经 10 分钟时间便能杀死病菌。在柿树生长期，分生孢子可以进行多次侵染。从伤口侵入时潜育期为 3～6 天，直接侵入时潜育期为 6～10 天。炭疽病喜高温高湿，雨后气温升高，常出现发病高峰。所以夏季多雨年份发病严重，夏季干旱年份发病较轻。一般年份 5 月下旬病菌在绿色有茸毛的嫩梢上可直接入侵发病，枝皮已变褐的不会染病，所以盛果期的大树，一年只发春梢，炭疽病较轻，苗期或幼树经常有嫩梢，所以容易染病。果实从 6 月下旬开始直至采收期均可被病菌侵染发病，7 月中下旬即可见到病果脱落。柿炭疽病的发生与气候条件密切相关，夏季病菌孢子萌发后通过雨水入侵，果面的病斑较少，秋季有露水，孢子的萌发机会多，所以果面病斑较多。

（3）*防治方法* ①减少病原菌。在生长期或休眠期发现病枝、病果要随时剪除、收集、烧毁。②加强栽培管理。选用抗性强的品种，加强肥水管理，防止枝条徒长，培育壮树，增强抗病能力。③苗木消毒。选栽无病苗木，若苗木中混有病苗，取出病苗后再用1∶3∶80倍式的波尔多液或20%石灰水浸苗10分钟进行消毒，然后再定植。④萌芽前喷1次5波美度的石硫合剂。⑤ 6月上旬喷1∶2～5∶600倍式的波尔多液；也可用65%代森锰锌可湿性粉剂500～600倍液防治。7～8月再酌情喷1～2次，防病效果更好。

4. 柿疯病

（1）*发生与危害*　病树枝条丛生，直立徒长，枯枝焦梢，春季发芽晚，生长迟滞，叶脉变黑。枝干木质部继续出现黑色线状，有时可达韧皮组织。病树结果少，果面具环形缢痕，常提前变软脱落；重病树不结果，以至整株死亡（图9－4）。

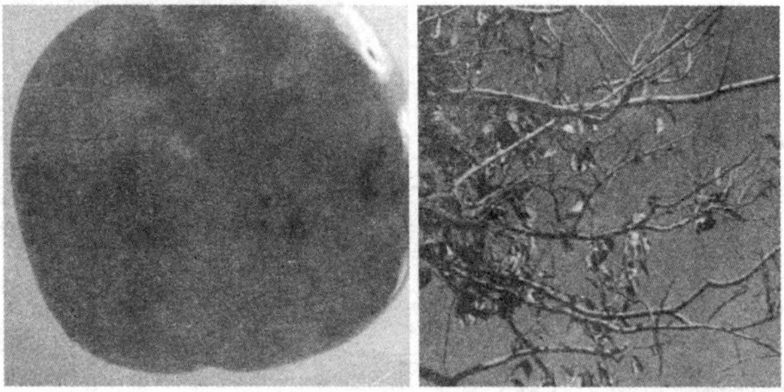

1　　2

图9－4　柿疯病

1. 病果　2. 病树局部

柿疯病主要通过嫁接传染，无论是用健康树作砧木嫁接病枝、病芽，还是用病树作砧木，健芽、健枝作接穗嫁接的均能传病。但若用健树作砧木，嫁接健枝、健芽则不感病。柿疯病不是真菌引起的病变，而是由某种侵害植物维管束系统，且对青霉素敏感的细菌所引起的一种侵染性病害。

（2）*防治方法*　①树干打孔灌注或环剥树皮涂抹青霉素，对本病有明显的疗效。②综合防治措施。培育无病苗，发现病苗立即拔除；选用抗病品种和砧木；加强果园管理，适当增施碱性肥料，提高抗病能力；挖除病株，根除侵染来源；对田间传播的主要媒介体血斑叶蝉应及时喷药防治。

5. 柿白粉病

(1) 发生与危害　柿白粉病又称叶背白粉病，此病常危害柿叶，引起早期落叶（图 9－5）。对柿果的质量和树势造成不良影响。

在开花前后叶面上出现由针尖大的小黑点密集构成的病斑，病斑略呈圆形，大小约 1～2 厘米，外围或有黄晕，病斑在叶背面呈淡紫色。晚秋在叶背出现白色粉状的菌丝及分生孢子，而后在菌丝丛中散生黄色至暗红、黑色的子囊壳。

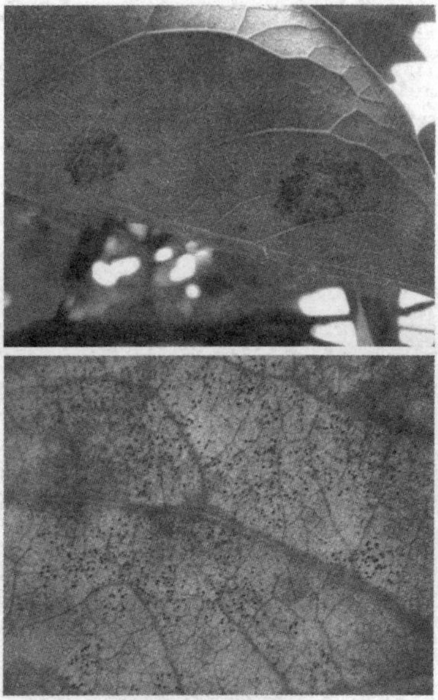

图 9－5　柿白粉病

上为初期病斑，下为后期病斑

(2) 流行规律　白粉病菌以子囊壳在落地的病叶上越冬。翌年春季当柿树萌芽、展叶时，子囊孢子成熟，散出的子囊孢子藉风传播，黏附在叶背后，从气孔发芽侵入。而后又产生分生孢子，在当年又可进行多次侵染。病菌发育最适宜的温度约 15～20℃，夏季温度达 26℃ 以上时几乎停止活动，秋季温度下降至 15℃ 以下时，便产生子囊壳。

(3) 防治方法　①及早清扫落叶，集中烧毁，消灭病菌侵染源。②冬季深翻果园，将子囊壳埋入土中。③4 月下旬至 5 月上旬喷 0.2 波美度石硫合剂，杀死发芽的孢子，预防侵染。④6 月中旬在叶背喷 1:2～5:600 倍式的波尔多液，抑制菌丝蔓延。

6. 柿叶枯病

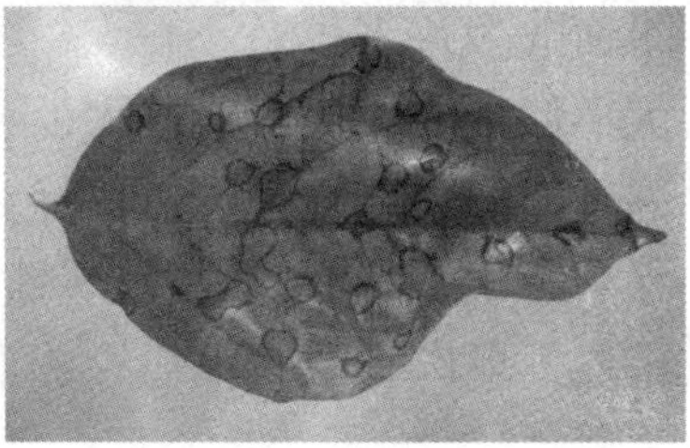
图 9－6　柿叶枯病

（1）发生与危害　柿叶枯病主要危害叶片，也能危害枝条和果实。一般在6月开始发生，7～9月盛发，叶片发病较重时早期脱落（图9－6）。

受害叶片初期为近圆形或多角形，浓褐色斑点，后逐渐发展成为灰褐色或灰白色，边缘深褐色的较大病斑，直径1～2厘米，并有轮纹。后期叶片正面病斑上生出黑色小粒点，即分生孢子盘。果实上病斑暗褐色，呈星状开裂，后期在病斑表面生出黑色小颗粒状分生孢子盘。

（2）流行规律　该病菌以菌丝和分生孢子盘在病斑内越冬，翌年7月中旬条件合适时产生分生孢子。分生孢子借风雨传播，从伤口入侵。7～9月为盛发期。病菌最适温度为28℃，在10℃以下或32℃以上生长停止。病菌在55℃时，20分钟或40℃时，2小时即死亡。

（3）防治方法　①加强柿园管理。增施腐熟的有机肥和钾肥，合理灌水，增强树势，提高树体抗病力。剪除病残枝及疏去茂密枝，调节通风透光；雨季注意果园排水措施，保持果园适度的温湿度，控制病害发生。②冬季清除病源。从落叶后到翌年发芽前，彻底摘掉树上残存的柿蒂和清扫落叶，并集中烧毁，清除病源，这样基本上可清除此病。③因地制宜的选用较抗病品种。④药剂防治。在落花后20～30天，用1∶2～5∶600倍式的波尔多液，喷药1～2次，保护叶子和柿蒂，也可喷用65%代森锌可湿性粉剂500～600倍液，喷2～3次效果较好。

7. 柿蝇粪病

（1）发生与危害　柿蝇粪病主要危害果实，影响果品外观，降低果实商品价值（图9－7）。

染病的果实开始着色以后，果面散生许多黑色小粒点，粒点大小似蝇粪，逐渐连成大的稍近圆形的病斑，因粒点形似蝇粪而得名。果面上的黑斑能够擦去，果皮、果肉不受害。但影响商品价值。

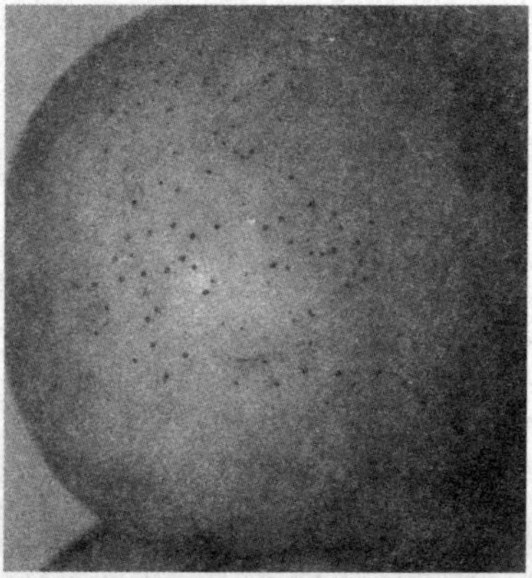

图9-7　蝇粪病

（2）流行规律　病原为半知菌尖蝇污菌。病菌在枝条上越冬。翌年春季产生分生孢子，借雨水传播，多在6~7月入侵，8~9月发病。高温多雨季节或低洼潮湿的柿园发病较重。

（3）防治方法　①合理修剪，保持果园通风透光良好；降低园中的湿度，也可减轻病害发病。②药剂防治。6~9月病害发生初期，喷1:2:200倍式的波尔多液或53.8%可杀得干悬浮剂1 000倍液、60%乙膦铝可湿性粉剂500倍液、75%达科宁可湿性粉剂800~900倍液、50%农利灵可湿性粉剂1 200倍液、50%甲基硫菌灵可湿性粉剂800倍液等。间隔10~15天喷雾1次，连续防治2~3次，可减轻发病。

8. 柿灰霉病

（1）发生与危害　该病主要危害幼果、花、嫩叶及贮运中的果实（图9-8）。

图9-8　柿灰霉病

多在嫩叶上染病，染病初期叶片先端失绿，产生白色至黄褐色病斑，空气湿度大时出现灰白色霉状物，即病菌的菌丝、分生孢子梗和分生孢子。花瓣上染病时，花瓣变褐并腐烂脱落。或呈软腐状，也生有同样的霉层。幼果染病的，最初在果蒂出现水渍状斑，后扩展到全果，果实一般保持原状，在湿度大时病果表面出现灰白色霉状物。

（2）流行规律　病原为半知菌灰葡萄孢菌。病菌以菌丝体在病部或腐烂的病残体上，或以落入土壤中的菌核越冬。翌年5～6月条件适宜时产生孢子，通过气流和雨水溅射进行传播。温度15～20℃、持续高温、阳光不足、柿园内排水与通风差的密植园，湿气滞留时间长，有利于病菌滋生，则发病较重；施氮肥过量的软弱徒长树更容易得病。

（3）防治方法　①加强栽培管理，增强树势，提高果树抗病力；合理修剪，使柿树枝组分布合理，保持果园通风透光良好；雨后及时排水，避免果园湿气滞留，降低园内湿度。适当施肥，对密植园实行间伐。②及时清除被害枝叶花果。③药剂防治。在雨季到来之前或发病初期喷药防治，常用药剂有65%克得灵可湿性粉剂1 000倍液、50%扑海因可湿性粉剂1 000倍液、50%速克灵可湿性粉剂1 500倍液、50%灭霉灵可湿性粉剂800倍液、28%霉克可湿性粉剂600倍液。10天左右喷洒1次，连续防治1～2次。

9. 柿癌肿病

（1）发生与危害　主要在根部患病的称根瘤病，在地上部感病的称柿冠瘿病（图9－9）。

发病时，树体的根部或枝干表面呈现大小不规则的肿瘤，是一种细菌性病害，由野杆菌属癌肿野杆菌入侵所致。

图9－9　柿根瘤病

（2）流行规律　病原菌在主

要癌瘤组织皮层内或依附在病残根附近的土壤中越冬，能游动，借灌溉水、雨水、耕翻土地等传播，苗木调运是远距离传播的主要途径。病菌从各种伤口侵入，发病的反应很慢，潜育期很长，从几周至1年以上不等。病原菌侵入后，在寄主皮层的薄壁细胞间繁殖，毒素刺激寄主，使细胞过度分裂形成癌瘤。癌瘤表面粗糙，颜色深褐，质地坚硬，内部组织紊乱，老化时表层脱落，外形多呈球形或扁球形。病原菌从瘤体进入土壤，又随雨水或灌溉水传播再次侵染。此病多在苗期或幼树期发生，碱性、黏重、排水不良的土壤或重茬地栽植的发病重；根部伤口多的更易发病。

（3）*防治方法*　①加强检疫。起苗时挑出病苗，集中烧毁；不栽病苗，对怀疑带菌的苗木，可用0.1%的高锰酸钾或1%的硫酸铜溶液浸泡苗根，消毒5分钟，再用清水洗净即可。②强化栽培管理，注意园地卫生。起苗后清除土壤中的有病残根。③从无病优良母树上采集接穗，嫁接的刀具需用75%酒精浸泡15分钟消毒。中耕锄草时不要伤根，及时用药灌根防治地下害虫，防止害虫伤根。

10. 柿黑星病

（1）*发生与危害*　主要危害叶、果和枝梢（图9－10）。叶片染病，发病初期在叶脉上生黑色小点，后沿脉蔓延，扩大为2～5毫米的近圆形或多角形病斑。病斑漆黑色，周围有黄晕，中央略带灰色。湿度大时背面现出黑色霉层，即病菌分孢子盘。枝梢染病时，开始产生淡褐色斑，后扩大成梭形、纺锤形或椭圆

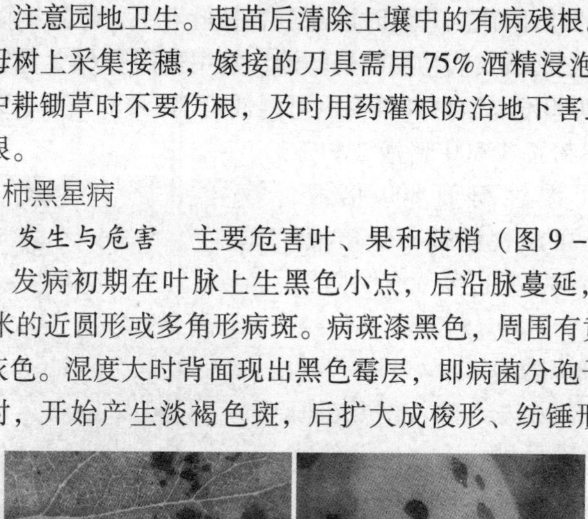

1　　　　2

图9－10　柿黑星病

1. 叶上病斑　2. 果上病斑

形，略凹陷，易龟裂。严重的自病斑开裂，呈溃疡状或折断。果实染病，多在蒂部发生，与叶部病斑相似，病斑圆形或不规则形，果实上病斑微凹陷，稍硬化呈疮痂状，也可在病斑处裂开，病果容易脱落。

（2）流行规律　病菌以菌丝或分生孢子在病梢、病叶、病蒂（果）上越冬，为翌年初侵染主要来源，5月份菌丝体产生分生孢子，借风雨传播，孢子萌发直接侵入，潜育期7～10天，进行多次再侵染。

（3）防治方法　①抓好清园。晚秋或冬季清除园内落叶，结合冬剪剪去病枝和病柿蒂，集中烧毁以清除越冬病原菌。②喷药保护。萌芽前喷布5波美度石硫合剂；或在展叶后喷布0.3～0.5波美度石硫合剂，或1:5:400倍式的波尔多液1～2次，也可以兼治其他病害。在南方，临近开花前及落花70%左右时各喷1次240倍石灰倍量式波尔多液，以后根据降雨情况，每隔半月左右连续喷200倍石灰倍量式波尔多液，也可使用50%退菌特可湿性粉剂800倍液，50%多菌灵可湿性粉剂800倍液，或45%代森铵水剂600倍液进行防治。

11. 日灼病

（1）发生与危害　该病又叫日烧病，为生理性病害（图9－11）。

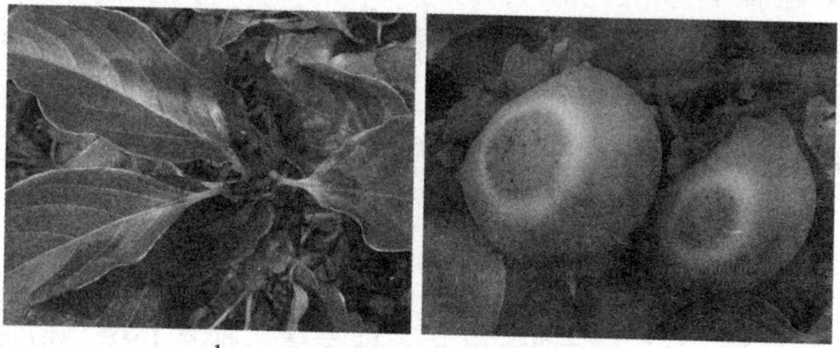

1　　2

图9－11　日灼症

1. 叶面被日灼　2. 果面被日灼

果实初受害时，果面略呈近圆形或不规则的坏死斑，初为淡黄褐色，而后颜色加深，并有淡黄色晕，严重时变黑开裂。叶片受灼伤出现变色斑块，而后呈红褐色不规则斑，不再扩大。干上树皮局部呈纵向条状干枯状，严重时树皮开裂剥落。

日灼是在初夏气温骤高时发生，晴热干旱年份发生重。由于强光直接照射果面，致使局部蒸腾作用加快，加之空气和土壤湿度小，温度升高至40℃以上或持续时间较长，导致植物组织灼伤。一般朝上或西南方向裸露的果实易被灼伤，果实灼伤后失去商品价值。叶片缺水或贴近地面接受地面辐射热较大时也会受到日灼。树干日灼则在高接换头、叶量大减时，西晒阳光直射树干，从而局部增温引起灼伤，灼伤处树皮半干，在这种状态下容易引发木腐病。

（2）防治方法 ①加强栽培管理，增强树势，提高根系吸水能力；合理修剪，建立良好树体结构，使叶片分布合理。适当多留西南侧柿树枝条，增加柿树叶片数量，利用叶片遮盖果实，以减少夏季阳光直接暴晒果树枝干和果实的机会；生长季节注意适时灌水和中耕，促进根系活动，保持树体水分供应均衡。②在初夏温度骤高时，有条件的可灌水降温；或于午前喷洒0.2%～0.3%磷酸二氢钾溶液或清水，有一定的预防作用。③结合疏花疏果作业，将朝上的或西南向裸露的幼果疏去。④日灼多发地区或高接换头后，应采取树干涂白，以反射阳光以缓和果树树皮的温度剧变，或用报纸包裹遮挡阳光，也可有效减轻日灼病发生。

二、主要害虫

1. 柿蒂虫

（1）发生与危害 柿蒂虫又名柿实蛾、柿食心虫，俗称柿烘虫。主要危害果实，偶有危害枝芽（图9－12）。

我国华北、华中地区，以及河南、山东、山西、陕西、安徽等省均有发生。幼虫钻食果实，造成柿子早期发红、变软、脱

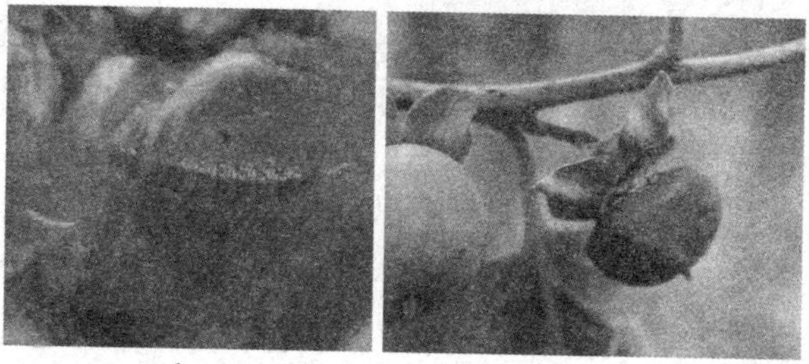

图9－12 柿蒂虫

1. 柿蒂虫幼虫 2. 被害果

落。危害严重者，能造成柿子绝收。

幼虫老熟幼虫体长约10毫米。头部黄褐色，前胸背板及臀板暗褐色，同部各节背面暗紫色。

（2）流行规律 一年发生2代。以老熟幼虫在树皮裂缝里或树干基部附近土里结茧过冬。在黄河流域，越冬幼虫于4月中、下旬化蛹，5月上旬成虫开始羽化，羽化盛期在5月中旬。5月下旬第一代幼虫开始危害幼果，6月下旬至7月上旬幼虫老熟，一部分老熟幼虫在被害果实内，一部分在树皮裂缝下结茧化蛹。第一代成虫在7月上旬至7月下旬羽化。盛期在7月中旬。第二代幼虫自8月上旬至柿子采收期陆续危害果实，自8月下旬以后，幼虫陆续老熟越冬。

成虫白天多静伏在叶片背面或其他阴暗处，夜间活动，交尾产卵。卵多产在果梗与果蒂缝隙处。每头雌蛾能产卵10～40粒。卵期5～7天。第一代幼虫孵化后，多自果柄进入幼果内危害，粪便排于蛀孔外。1头幼虫能蛀食4～6个幼果。被害果实由绿色变为灰褐色，最后呈褐色干枯状。由于幼虫吐丝缠绕果柄，故被害的果实不易脱落。第二代幼虫一般在柿蒂下危害果肉，被害果提前变红、变软、脱落。在多雨高湿的天气，幼果受害较多，造成大量落果。

（3）防治方法 ①消灭越冬幼虫。冬季或早春刮除树干上的粗皮和翘皮，刮皮前在地面先铺上塑料薄膜，刮至刚露新皮为准，将刮下来的碎皮收集起来，同时将树上遗留的柿蒂摘掉，清扫地面的残枝、落叶、柿蒂等与皮一起集中烧毁，以消灭越冬幼虫。②在树干基部1米范围内覆土20厘米，消灭和阻止越冬幼虫出土。③摘除虫果。在幼虫危害果实期间，及时将虫果摘除。第一代6月中、下旬，第二代8月中、下旬，各摘除虫果2~3遍。摘除第一代虫果时，必须将柿蒂一起摘下，可以减轻第二代的危害。④诱杀越冬幼虫。在8月中旬以前，在刮过粗皮的树干及主枝上绑草或诱虫带诱集越冬幼虫，冬季解下烧毁。⑤药剂防治。在成虫盛发期或卵孵化期喷布40%乐果乳剂800~1 000倍液；或90%敌百虫1 000倍液；20%杀灭菊酯乳油4 000倍液等均可收到良好的防治效果。

2. 桃蛀螟

（1）发生与危害　该虫又称桃蠹螟、桃实螟蛾（图9－13）。食性很杂，可危害多种果树和农作物，在柿树上危害柿果和接口的愈伤组织，受害处内、外排积许多粪便。

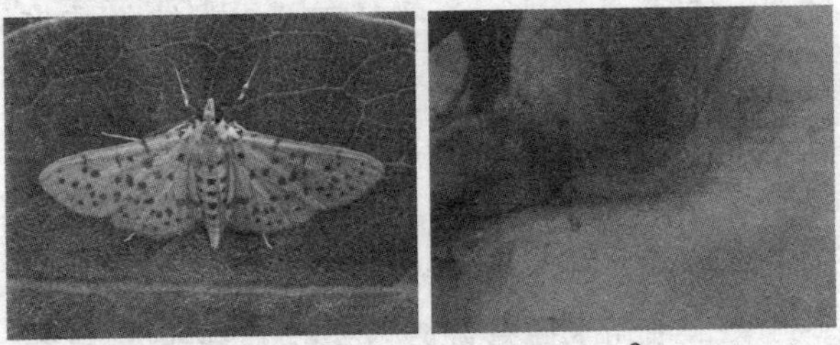

1　　2

图9－13　桃蛀螟

1. 成虫　2. 幼虫

成虫体长12毫米，翅展22~25毫米，黄色至橙黄色，体表、翅表面具许多似豹纹黑斑点。幼虫体长22毫米，体色多变，有淡褐、浅灰、浅灰兰、暗红等色，腹面多为淡绿色。头暗褐，各体节毛片明显，灰褐至黑褐色，背面的毛片较大。

（2）流行规律　桃蛀螟一年发生1～5代，由北向南代数逐渐增多。以老熟幼虫在越冬场所结茧越冬。越冬场所主要在果树翘皮下、裂缝中，或土缝、石隙及农作物的叶鞘、枯叶处及高粱、玉米、向日葵秸秆中越冬。黄河流域越冬代成虫于5月中、下旬开始羽化，并在杏和早熟桃上产卵危害。第一代成虫于7月上旬羽化后，在柿上产卵危害。第二代成虫于8月上、中旬羽化，9月上、中旬以后还可以发生第三代成虫。由于世代重叠，成虫发生不太整齐。

成虫昼伏夜出，对黑光灯和糖、酒、醋液趋性较强。喜欢在枝叶茂密的果实上产卵，卵多产在蒂下。卵期6～8天，幼虫期15～20天，蛹期7～9天，完成1代约需一个多月。

（3）*防治方法*　①消灭越冬幼虫。在玉米、高粱、向日葵受害较重的地区，应于早春桃蛀螟越冬幼虫化蛹前将玉米秆和向日葵花盘烧掉或碾碎，消灭其中幼虫。②果树在幼虫越冬前在树干束草（或束诱虫带）诱集越冬幼虫，冬季刮除老翘皮，连同束草、诱虫带等集中处理，消灭其中幼虫。③生长季节，在有条件柿园周围可设黑光灯和挂糖、醋液及性激素（顺、反-10-十六碳烯醛的混合物）诱杀成虫。④及时摘除虫果，清理落果，集中处理消灭其中的幼虫和蛹。⑤药剂防治。应在卵盛期至孵化初期施药，毒杀卵和初孵幼虫，可于第一、二代幼虫孵化初期（5月下旬和7月中旬前后）喷50%杀螟虫乳油1 000倍液，每代喷药2次，每次间隔一星期。提倡喷洒苏云金杆菌75～150倍液或青虫菌液100～200倍液。⑥有条件者于成虫产卵前进行果实套袋，有一定效果。

3. 血斑叶蝉

（1）*发生与危害*　该虫又叫血斑浮尘子、柿斑叶蝉、血斑小叶蝉。属同翅目叶蝉科。在我国山东、四川、江苏、浙江等柿树栽培区发生较普遍。寄主除树外还危害枣、桃、李、葡萄、桑等植物的叶片（图9-14）。

成虫 体长2.5毫米左右，连同翅长约3.1毫米。淡黄白色。复眼淡褐色。头冠向前突出呈圆锥形，有淡草绿色纵条斑2个。前胸背板前缘有淡橘黄色斑点两个，后缘有同色横纹。横纹中央和两端向前突出，在前胸背板中央显现出一个近似“山”字形斑纹。小盾板基部有橘黄色“V”形斑纹。两前翅对合时形成下述橘红色斑纹：翅基部有“Y”斑纹，中央略似“W”形，紧接着是一倒梯形斑，近末端又有一个“X”形斑纹，这些斑纹似血丝状。翅面上散生红褐色小点。**卵** 长0.7~0.8毫米，略弯曲，白色。**若虫** 共5龄，初孵若虫淡黄白色近透明，复眼红褐色，随着龄期增长体色加深，渐变为淡黄色。4~5龄有翅芽。5龄若虫体扁平，体有白色长刺毛，很明显。翅芽黄色加深，易识别。

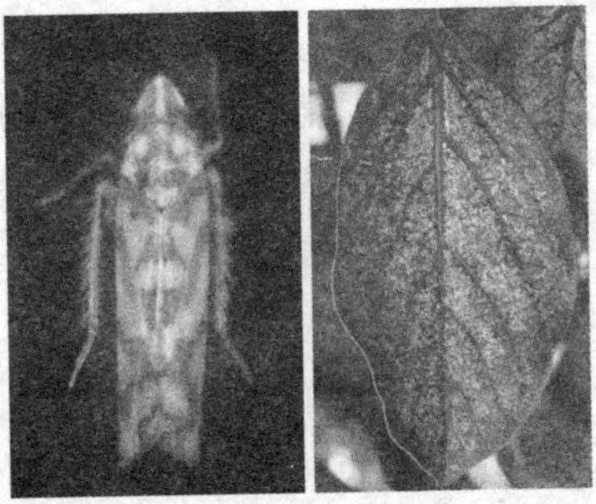

1　　2

图9-14　血斑叶蝉

1. 成虫　2. 危害状

(2) 流行规律　一年发生3代以上，以卵在当年生枝条的皮层内越冬，翌年4月柿树展叶时孵化，若虫期约1个月，5月上、中旬出现成虫，不久交尾产卵，卵分散产在叶背面叶脉附近。卵期约半个月，6月上、中旬孵化。此后30~40天1代，世代交替，常造成严重危害。

以成虫、若虫在柿叶背面刺吸汁液，初孵若虫先集中叶片的主脉两侧，吸食汁液，不活跃。随着龄期增长食量增大，逐渐分散危害。受害处叶片正面呈现褪绿斑点，严重时斑点密集成片，叶呈苍白色甚至淡褐色，破坏叶绿素的形成，影响柿树的光合作用，造成早期落叶，导致柿树不能正常的生长发育。

(3) 防治方法　①加强果园管理。合理施肥灌溉，增强树势，提高树体抵抗力，科学修剪，剪除病残枝及茂密枝，调节通风透光，保持果园适当的温湿度，结合修剪，清理果园，清理树下杂草和落叶，减少越冬虫源。②保护和利用红色食虫螨等天敌。③化学防治。在若虫出现期喷布40%乐果乳剂2 000倍液，或50%马拉硫磷1 500倍液，50%杀螟松乳油，50%辛硫磷乳油，50%敌敌畏2 000倍液。

4. 柿绵蚧

（1）发生与危害　该虫又叫柿囊蚧、柿毛毡蚧、柿绒蚧，俗称柿虱子（图9－15），属同翅目蚧科。

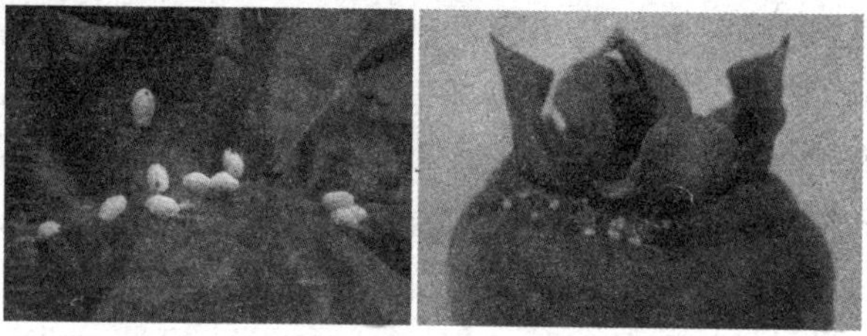

1　　2

图9－15　柿绵蚧

1. 危害叶片　2. 危害果实

我国南北柿区普遍发生，尤以管理粗放、树势衰弱的柿园最为严重。

以成若虫刺吸柿树嫩枝、幼叶和果实。嫩枝被害后，出现黑斑，轻者生长细弱，重则干枯，难以发芽。叶片上主要危害叶脉，叶脉受害后亦有黑斑，严重时叶畸形，早落。危害果实时，若虫和成虫群集在果肩或果实与蒂相接处，被害处初呈黄绿色小点，被害处出现凹陷，由绿变黄，最后变黑，甚至龟裂，使果实提前软化，不便加工和贮运。

成虫雌虫体长1.5毫米，椭圆形，紫红色，虫体背面覆盖白色毛毡状介壳。雄虫体瘦小，长约1毫米，紫红色，翅半透明。卵椭圆形，长约0.4毫米，表面附有白色蜡粉及蜡丝，密集在卵囊内。若虫紫红色，体扁平，椭圆形，周身有短刺状突起。

（2）流行规律　一年发生4～6代，以若虫在树皮裂缝粗皮下和柿蒂上越冬。翌年4月下旬开始活动，爬到嫩芽、新梢、叶柄、叶背等处固着危害，吸食汁液。第二代以后的若虫和成虫主要危害果实，群集在柿蒂周围的果面上固着危害，虫体逐渐长大分化为雌雄两性。5月中、下旬成虫交尾，随后雌虫体背面形成白色卵囊，开始产卵，每头雌虫可产卵130～140粒，卵期12～21天。各代发生不整齐，10月中旬，果实采收后，若虫爬到越冬场所开始越冬。

(3) *防治方法* ①人工防治。结合果园管理，在柿树落叶后至发芽前，剪除树上的病虫枝和柿蒂，刮除树干老粗翘皮，及时清理出园，集中烧毁，减少越冬虫源。②化学防治。早春柿树发芽前喷布一次5度石硫合剂和5度柴油乳剂，消灭越冬若虫；在展叶至开花期间，在越冬若虫刚出蛰，未形成蚧壳前，喷施10%吡虫啉乳油4 000～6 000倍，或25%亚胺硫磷1 000倍液，或20%杀灭菊酯2 000倍液，在6月上旬第一代若虫发生时，喷0.3～0.5波美度石硫合剂，在各代若虫出现盛期，根据虫情及时喷布40%速扑灭乳油1 500～2 000倍液或40%速克蚧乳油1 500倍液，可基本上控制危害。③柿绵蚧的主要天敌有黑红瓢虫、红点唇瓢虫、七星瓢虫、中华大草蛉等。在天敌发生期，应尽量少用或不用广谱性杀虫剂，以保护天敌。④严格检疫对苗木和接穗要严格实行检疫，发现虫害应及时熏蒸消毒，防止扩散蔓延。

5. 柿粉蚧

(1) *发生与危害* 该虫又叫长绵蚧、柿长绵粉蚧、柿绵粉蚧，俗称柿虱子（图9-16），属同翅目粉蚧科。

若虫和成虫聚集在柿树嫩枝、幼叶和果实上吸食汁液危害。枝、叶被害后，失绿而枯焦变褐；果实受害部位初呈黄色，逐渐凹陷变成黑色，受害重的果实，最后变软脱落。受害树轻则造成树体衰弱，落叶落果；重则引起枝梢枯死，甚至整株死亡，严重影响柿树产量和果实品质。

柿长绵粉蚧的远距离传播、扩散主要靠苗木、接穗、砧木、果品的调运带虫，近距离传播、扩散主要靠1龄若虫的爬行和借

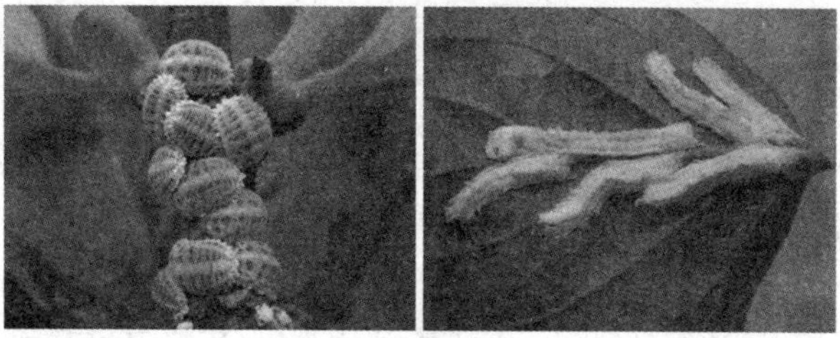

1　　2

图9-16　柿粉蚧

1. 雌成虫　2. 卵囊

助风力、雨水、鸟类及其他昆虫的携带。

雌成虫　体长约4毫米，扁椭圆形，全体浓褐色，触角丝状，9节；足3对；无翅；体表被覆白色蜡粉，体缘具圆锥形蜡突10多对，有的多达18对。**雄成虫**　体长约2毫米，翅展3.5毫米左右，体色灰黄，触角似念珠状，上生茸毛；3对足；前翅白色透明较发达，翅脉1条分2叉，后翅特化为平衡棒；腹部末端两侧各具细长白色蜡丝1对。**卵**　卵圆形，橙黄色。近孵化时；卵壳上显露出两个红色眼点，卵产于白色蜡质卵囊内。**若虫**　与雌成虫相似，仅体形小，触角、足均发达。1龄时为淡黄色，后变为淡褐色。**雄蛹**　裸蛹，长约2毫米，形似大米粒。

（2）流行规律　一年发生1代，以3龄若虫在枝条上和树干皮缝中结大米粒状的白茧越冬。翌年春柿树萌芽时，越冬若虫开始出蛰，转移到嫩枝、幼叶上吸食汁液。长成的3龄雄若虫脱皮变成前蛹，再次脱皮而进入蛹期；雌虫不断吸食发育，约在4月上旬发育为成虫。雄成虫羽化后寻找雌成虫交尾，后死亡。若虫于5月上中旬发育为成虫，雌虫交尾后多转移到叶背，分泌白色绵状物，形成白色带状卵囊，长达20～70毫米，宽5毫米左右，产卵其中。每雌成虫可产卵500～1 500粒，橙黄色。卵期20余天。5月上旬开始孵化，5月中旬为孵化盛期。初孵若虫为黄色，爬出卵囊，成群爬至嫩叶上，数日后固着在叶背主侧脉附近及近叶柄处吸食危害。6月下旬第一次脱皮，8月中旬第二次脱皮，10

月下旬发育为3龄若虫，落叶时若虫陆续转移到枝干的阴面或老皮裂缝处群集结白茧越冬。

（3）防治方法 ①冬季结合清理园内杂草等管理措施，刮树皮、并刷除越冬若虫。②越冬若虫出蛰活动时可喷布3~5波美度的石硫合剂。③第一、二代若虫孵化盛期，结合防治园内其他害虫，喷洒20%灭扫利乳油、2.5%功夫乳油及溴氰菊酯乳油8 000倍液，或50%对硫磷乳油，防效均好。④加强检疫，防止带虫接穗的引入。⑤保护天敌。在小二星瓢虫和草蛉等、寄生性天敌如寄生蜂等天敌发生期，注意保护天敌，应尽量少用或不用广谱性杀虫剂。

6. 龟蜡蚧

（1）发生与危害 该虫又叫柿叶龟甲蚧、龟甲蜡蚧、日本龟蜡蚧、日本蜡蚧、枣龟蜡蚧、枣虱子等别名（图9-17）。枣龟蜡蚧又叫日本龟蜡蚧，俗名枣虱子。以若虫固着在枣叶上吸食汁液。并分泌大量排泄物，诱发煤污病，造成大量落叶。龟蜡蚧属同翅目蚧总科蜡蚧科。

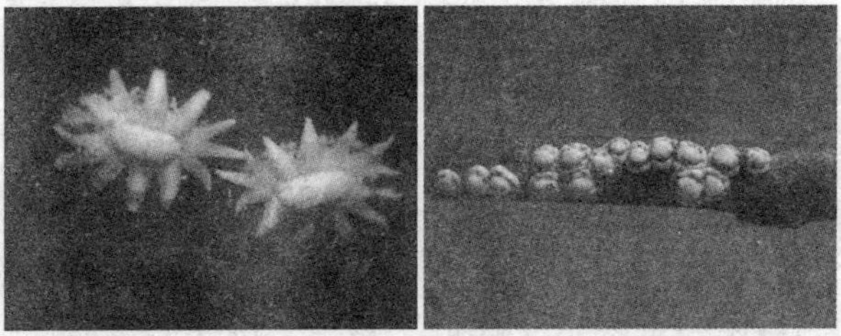

1　　2

图9-17 龟蜡蚧

1. 雄蚧 2. 雌蚧

此虫在全国柿子产区都有分布。除危害柿树外，也危害苹果、柑橘、石榴、枇杷、李、梅、杏、梨、桃等果树及多种花木。

以若虫和雌成虫刺吸枝、叶汁液，受害树长势衰弱。并排泄糖蜜状粪便，常诱致煤污病发生，削弱树势重者枝条枯死。7、

8 月雨季引起黑霉菌寄生，枝、叶、果布满一层黑霉，影响生长，降低产质量。

成虫　雌虫体长 2～3 毫米，扁椭圆形，紫红色，体背覆白色蜡质介壳；中央隆起，表面有龟甲状凹陷；蜡壳中央有角状隆起，四周有 8 个突起。雄虫体长 1.3 毫米，翅展 2.2 毫米，淡红色，翅透明，有明显的两个大主脉。**卵**　椭圆形，长 0.2 毫米，产于雌虫介壳体下；初产卵橙黄色，孵化前变为紫色。**若虫**　初孵若虫体扁体平，长约 0.5 毫米，紫褐色。固着后，体背面成白色蜡壳，周缘有 14 个三角形蜡芒，形似葵花状。雌若虫蜡壳椭圆形，雄若虫蜡壳长椭圆形。**蛹**　为雄虫所有，梭形，棕褐色。

（2）流行规律　一年发生 1 代，以受精雌成虫密集固着在 1、2 年生枝条上越冬。翌春寄主发芽时开始危害，以口针吮吸树液，4 月中下旬虫体迅速膨大，成熟后产卵于腹下。产卵盛期在 5～6 月，各地不同，应仔细观察。每雌产卵千余粒，最多可达 3 000 粒。卵期 10～24 天。初孵若虫多爬到叶面、叶柄、嫩枝上固着取食危害，4、5 天后形成蜡壳。8 月初雌雄开始性分化，8 月中旬至 9 月为雄化蛹期，蛹期 8～20 天，羽化期为 8 月下旬至 10 月上旬，雄成虫寿命 1～5 天，交配后即死亡，雌虫陆续由叶转到枝上固着危害，至秋后越冬。可行孤雌生殖，子代均为雄性。一年 1 代，主要以受精雌虫在 1～2 年生枝上越冬。

（3）防治方法　①做好苗木、接穗、砧木检疫消毒。②保护引放瓢虫、草蛉、寄生蜂等天敌。③剪除虫枝，或刷死越冬成虫。④冬季枝条上结冰凌或雾凇时，用木棍敲打树枝，虫体可随冰凌而落。⑤刚落叶或发芽前喷含油量 10%～15% 柴油乳剂，如混用化学药剂效果更好。⑥若虫孵化至形成蜡壳以前，喷洒 50% 马拉硫磷乳油 600～800 倍液、25% 亚胺硫磷或杀虫净或 50% 稻丰散乳油 1 500～2 000 倍液。也可用矿物油乳剂，夏秋季用含油量 0.5%，冬季用 3%～5% 或松脂合剂夏秋季用 18～20 倍液，冬季用 8～10 倍液的药液防治。

7. 苹梢鹰夜蛾

(1) 发生与危害　该虫又称苹果梢夜蛾。属鳞翅目夜蛾科(图9-18)。主要分布于辽宁、河北、河南、山西、陕西、甘肃、江苏、山东、云南、贵州、福建、广东、四川、台湾等省。除危害苹果外，也危害柿、梨、李、栎等树。幼虫专食嫩梢，新梢生长点被食或咬断，顶端数叶仅留主侧脉及残留碎屑，形成秃梢，直接影响新梢的正常生长和发育。在苗木上受害尤为严重。

1　　2

图9-18　苹梢鹰夜蛾

1. 危害状　2. 体色不同的幼虫

成虫　体长14~18毫米，翅展34~38毫米。个体间体色有变化，基本有两色型：一种前翅紫褐色，密布黑褐色细点，外横线和内横线棕色波浪形，肾状纹有黑边，其余线纹不明显，后翅棕黑色，后缘基半部有一个黄色圆形大斑纹，臀角、近外缘中部和翅中部各有1橙黄色小斑。另一种前翅中部为深棕色，前缘近顶角处有一个半月形淡褐色斑，后缘为淡褐色波形宽带。后翅花纹与前一型相同。两色型翅的反面斑纹相同。**卵**　呈鱼篓形，初产为污白色，卵面有放射状隆起纹。后卵中央显出红褐色圆斑，近孵化时全体红褐色。**幼虫**　体长30~35毫米，体色多变，头部黑色或黄褐色，体有淡绿色，或体淡绿色两侧各有一条逐渐减淡的黑色花纹、有的体黑色，有的黑体上有黄色斑等等。**蛹**　长14～17毫米，红褐色至深褐色。臀刺4个，并列，中间两个稍大。

（2）流行规律　在北方大多数发生1代，少数可以完成2代，以蛹在土壤中越冬。越冬代成虫于5月中旬到6月下旬发生，高峰期在5月下旬，6月上旬开始出现幼虫，幼虫吐丝将叶互相黏连，蚕食嫩叶。幼虫非常活泼，稍受惊动即滑溜落地，食料不足时，幼虫可转移危害。危害盛期在6月中下旬，幼虫老熟后落地入土2厘米左右处或地面覆叶下化蛹。7月下旬到9月上旬可陆续见到当年第一代成虫，成虫白天潜伏在叶背下，夜间活动，趋光性强，有迁飞习性。卵多产在新梢顶端第3～5张嫩叶背面的毛丛中，单粒散产。第二代幼虫危害很轻，这与寄主的叶片老化有关。

（3）防治方法　①做好测报，每年5～6月份在果园附近设置黑光灯监测成虫发生情况，根据诱蛾数量预测幼虫发生量，及早作好准备，指导防治工作。②人工防治。发生量少，在苗圃地可用人工捕杀幼虫；冬季深翻树盘，杀死越冬蛹。③幼虫危害初期对柿树新梢喷布杀虫剂，药剂可选用50%杀螟硫磷（杀螟松）乳剂1 000倍液，或50%辛硫磷乳剂1 000倍液或青虫菌6号500～1 000倍液。也可使用2.5%溴氰菊酯乳油或20%氰戊菊酯（杀灭菊酯）乳油3 000～4 000倍液。

8. 日本双棘长蠹

（1）发生与危害　该虫又名双齿长蠹，云南也称“边材小蠹”。属鞘翅目长蠹科，是近年新发生的害虫。可危害国槐、栾树、柿树、苹果、海棠等，且有日趋严重之势。以成虫和幼虫蛀食幼树主干和大树上1～2年生枝条的木质部，造成枝条枯死、风折，导致减产、树势衰弱，甚至整株死亡（图9－19）。

成虫　体长4～7毫米，圆筒形，黑褐色，体两侧平直，密被淡黄色短毛。触角10节，端部3节栉片状向内横生。前胸背板长

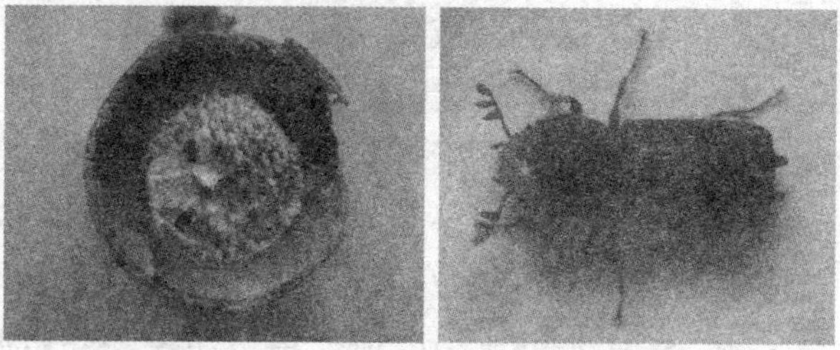

1　　　　2

图 9－19　日本双棘长蠹

1. 危害状　2. 成虫

宽相等，小盾片近方形，坡鞘刻点沟大而深，鞘翅末端斜面上生有双棘，棘端钝。**卵**　长椭圆形，长约 0.4 毫米，黄白色。**幼虫**　体弯曲，乳白色，口器红褐色，胸足 3 对，体节侧面和腹末着生黄褐色刷状长毛，老龄幼虫体长 4～6 毫米。**蛹**　初乳白色半透明，后渐变为黑褐色，裸蛹，体长 4～5 毫米。

（2）流行规律　一年发生 1 代，跨两个年头。以成虫在枝干的蛀孔内越冬。翌年柿树开始发芽时恢复取食，补充营养。4 月中旬爬出坑道交尾，再返回坑道内产卵，产卵 100 多粒。卵期5～7 天，4 月中下旬始见幼虫，幼虫顺枝条纵向蛀食木质部，粪便排于坑道内。随着龄期增长，逐渐向皮层蛀食，枝干表皮出现 0.5～0.7 毫米孔洞。幼虫老熟在坑道内化蛹。5 月下旬至 6 月上旬陆续化蛹，蛹期 6～7 天。5 月底至 6 月上旬成虫羽化。新羽化成虫继续在坑道蛀食，群居坑道内反复蛀食，使受害枝干只留表皮，成虫有自相残杀的习性。6 月下旬至 8 月上旬高温，白天常爬出坑道降温，晚上再回坑道。10 月中下旬成虫转移到直径 13～15 毫米的 1～3 年生枝新枝上危害，蛀入皮层后呈环形蛀食，一头成虫可转蛀 2～3 个枝条，1 年生枝多在芽的上下方蛀入，2 年生枝多在果柄上下方或修剪伤口处蛀入。树势强的枝条受害轻，树势弱枝条受害重。受害枝条易被风吹折、或稍遇外力便被折断，严重影响生长和结果。

（3）防治方法　①加强栽培管理，增强树势，防止大小年结果。结合整形修剪，剪除有虫孔枝条，及时拾净落地虫枯枝集中烧毁，减少虫源。②在成虫4月出坑交尾期和夏季高温白天出穴避暑时，小枝喷80%敌敌畏或50%辛硫磷1 500～2 000倍液，杀死外出的成虫。

9. 其他害虫（图9－20）

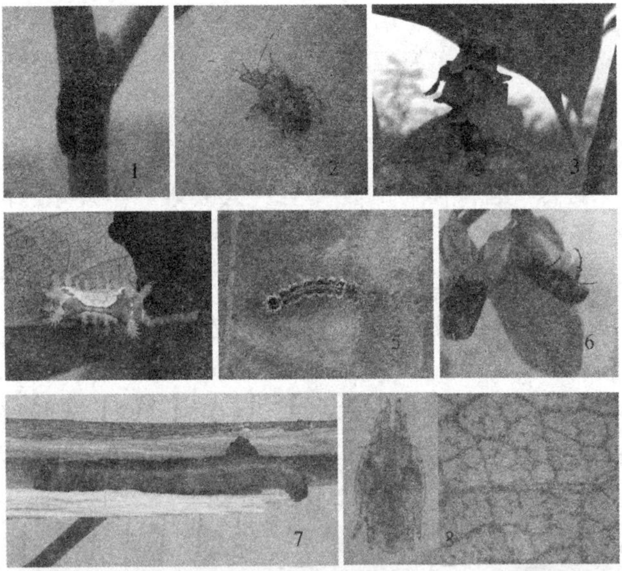

图9－20　其他害虫

1. 草履蚧　2. 茶翅蝽　3. 大蓑蛾　4. 黄刺蛾
5. 黄尾毒蛾　6. 小青花金龟　7. 咖啡木蠹蛾
8. 细须螨　9. 黑蓟马　10. 大青叶蝉

危害柿树的害虫还很多，但发生不普遍或危害性较小，或防治比较容易。现简单介绍如下。

①介壳虫类。比较常见的还有草履蚧、东方盔蚧、梨圆蚧、红蜡蚧、角蜡蚧等，多数固着在寄主上吸食汁液，常有介壳保护，喷药很难凑效，应抓住若虫孵化期喷药，便可防治。

②蝽象类。危害柿树的蝽象类害虫主要有：茶翅蝽、麻皮蝽、细毛蝽及点蜂缘蝽、珀蝽等。以若虫和成虫吸食枝叶果的汁液，果实被害处果肉呈海绵状坏死，果成微凹，略呈黑色，影响商品价值。收杀越冬成虫、在产卵期收集卵块和初孵若虫、在6月中旬至8月上旬，发生严重的柿园，可喷杀虫剂防治。

③蓑蛾类。危害柿树的主要有：大蓑蛾、小蓑蛾、黛蓑蛾、白囊蓑蛾等。以幼虫背负着用植物残屑和吐丝黏连的护囊，蚕食叶片呈大小不等的孔洞和缺刻，有时还啃食嫩枝、果实等危害。可以用摘除护囊、低龄幼虫危害期喷布敌百虫、青虫菌等药物进行防治。

④刺蛾类。危害柿树的黄刺蛾、双齿绿刺蛾、扁刺蛾、梨娜刺蛾、白眉刺蛾等。以幼虫幼龄时啃食叶肉，残留叶脉呈网状，后期幼虫食叶片成缺刻，严重时可将树叶全部吃光。幼虫体上有枝刺，刺及人体肤后红肿而疼痛。可结合冬剪剪除越冬茧、得用低龄幼虫群集叶背危害的习性，发现叶片有白色网眼状危害特征时，人工摘除叶片，将虫踏死、在幼虫危害初期可喷布敌百虫、氯氰菊酯等杀虫剂防治。

⑤毒蛾类。危害柿树的毒蛾常见的有：舞毒蛾、古毒蛾、黄尾毒蛾、苹毒蛾、金毛虫、折带黄毒蛾等，以幼虫体上有长毛，蚕食柿叶，严重时能吃光叶片。可用以下方法防治：人工搜杀卵块；诱杀或阻杀幼虫；在幼虫危害初期选喷溴氰菊酯、灭幼脲等农药。

⑥金龟子类。有黑绒金龟（食芽和嫩叶）、小青花金龟（食花）、四纹丽金龟和毛喙金龟（危害叶片）、白星金龟（食果）、

幼虫蛴螬食根。可利用各自的趋光性、趋化性、假死性等习性进行诱杀或捕杀，或喷驱避剂、胃毒剂赶走或杀死成虫。

⑦咖啡木蠹蛾。以幼虫蛀食木质部，使被害的枝条枯死。可结合冬季修剪，剪除虫枝并及时烧毁，减少虫源；利用黑光灯诱杀成虫；发现被害株，及时剪除烧毁。

⑧柿细须螨。发现危害可喷三唑锡悬浮剂或乐霸悬浮剂药液防治；也可清园，减少越冬成螨。

⑨黑蓟马。以成虫和若虫危害柿树的叶片，受害叶片纵向卷曲成畸形。可及时摘除新梢被害嫩叶，或喷施常用杀虫进行防治。

⑩蝉类。大青叶蝉、蚱蝉、八点广翅蜡蝉、柿广翅蜡蝉、小绿叶蝉、茶乌叶蝉等种种蝉类，或以成虫在枝条上产卵、吸食树液对柿树都有一定伤害。

附录　柿树周年栽培管理农事历

月份	农业节气	主要物候期	农事管理要点
1～3	小寒至春分	休眠期	①秋冬季深翻改土，结合施采后越冬基肥，在2月底前完成； ②2～3月深翻压绿，翻埋秋冬基肥； ③3月下旬至4月上旬施催芽肥； ④幼树从3月下旬至9月下旬每月施1～2次稀薄肥水； ⑤冬季整形修剪，刮树皮，消灭在树皮里越冬的虫和蛹，剪除枯枝、病虫枝、柿蒂，清理落叶，集中深埋或烧毁； ⑥萌芽前喷石硫合剂预防炭疽病、黑星病、柿绵蚧及螨类等越冬病虫害； ⑦砧木种子春播的，于2月下旬至3月上旬种子层积后进行； ⑧新开园应避免在桃、梨、葡萄等老园上建立，以防止细菌性根癌病的发生和蔓延； ⑨秋冬干旱地区，在3月中旬萌芽前完成春植，并配置好授粉树； ⑩3月中下旬进行春季枝接。
4～5	清明至小满	萌芽期、抽梢期、开花期	①4月播种乌豇豆、绿豆、印度豇豆或苏丹草等夏季绿肥； ②4月上旬施催芽肥（人粪尿+速效氮肥），4月下旬至5月上旬根外追肥0.3%尿素及0.2%磷酸二氢钾混合液，花蕾期喷施0.2%硼砂液、0.3%～0.5%硫酸锰、0.2%硫酸锌矫治缺素症； ③4月下旬至6月中旬对柿树进行抹芽、扭梢、摘心、短截等生长期修剪； ④花蕾期疏除过多的花蕾；

（续）

月份	农业节气	主要物候期	农事管理要点
4～5	清明至小满	萌芽期、抽梢期、开花期	⑤花期插雄花枝、人工授粉、环剥、喷生长调节剂等防止生理落果，提高坐果率； ⑥发芽后喷药防治黑星病、白粉病，并注意防治危害嫩梢的柿梢鹰夜蛾、卷叶蛾、舞毒蛾等幼虫和金龟子等； ⑦4月上旬至5月初喷药防治柿棉蚧； ⑧5月诱杀、喷药防治舞毒蛾； ⑨5月中旬喷药防治柿蒂虫，5月下旬至6月上旬摘除柿蒂虫危害果，深埋或烧毁； ⑩5～6月春夏季全园中耕除草。
6	芒种至夏至	夏梢生长期、生理落果前期	①6月中旬至7月上旬施保果肥，以及叶面喷施0.3%尿素+0.2%磷酸二氢钾混合液； ②无间作园6月份继续松土除草，生草园及绿肥园6月底夏旱前深翻杂草及夏季绿肥； ③夏秋干旱期及时灌水，梅雨季节平地柿园注意开沟排水； ④6月下旬至7月上旬疏除过多的幼果； ⑤6月上中旬喷药防治柿粉蚧； ⑥6月上旬和下旬喷药防治炭疽病、金龟子； ⑦6月上中旬喷药防治黄刺蛾、扁刺蛾； ⑧6月中下旬喷药防治角斑病、圆斑病； ⑨6月下旬捕杀舞毒蛾成虫及清理卵块； ⑩6月下旬喷药防治柿棉蚧。
7～8	小暑至处暑	生理落果后期、果实膨大期	①7～8月梅雨结束后全园中耕除草，并进行树盘培土、覆盖防旱； ②8～9月用草甘磷等除草； ③高温干旱时利用一切灌溉设施进行降温、抗旱，台风季节注意开沟排水； ④7月上中旬捕杀或喷药防治星尺蠖； ⑤7月中旬喷药防治柿蒂虫； ⑥7月下旬清除或喷药防治刺蛾； ⑦7～8月喷药防治柿斑叶蝉、金龟子等；

（续）

月份	农业节气	主要物候期	农事管理要点
7～8	小暑至处暑	生理落果后期、果实膨大期	⑧8月上中旬摘除柿蒂虫危害果并深埋，8月下旬树干束草诱杀柿蒂虫幼虫； ⑨7月中下旬至9月上旬前采用芽接法繁殖种苗； ⑩8月上旬至10月中旬补施果实膨大肥。
9～10	白露至霜降	秋梢生长期、花芽分化期、果实成熟期	①9月播种豌豆、紫云英等绿肥； ②叶面喷施速效肥，加强病虫害防治，防止提前落叶； ③10月下旬至12月上旬秋施基肥，最迟不超过2月底； ④9月下旬至11月上旬果实采收，涩柿可分批采摘分批脱涩，制成脆柿、烘柿，甜柿随采随供应市场； ⑤贮藏用果，采用室内常温堆藏，塑料薄膜袋贮果冷藏及液藏等方法； ⑥砧木种子取自充分成熟的果实，采后立即秋播或经层积处理后春播； ⑦暖地或春季未定植的做好秋植的准备（挖好定植沟、穴、施足基肥）。
11～12	立冬至冬至	落叶期、休眠期	①冬季落叶后至次年春萌芽前进行深翻改土，增施有机肥，一般在10月下旬至12月上旬进行； ②冬季挑培客土，加厚土层，并在春季铲平客土；冬季整形修剪，在12月至翌年2月进行； ③冬季清园，清除枯枝、落叶、病蒂，集中深埋或烧毁，刮树皮消灭越冬虫、蛹、茧； ④树冠喷石硫合剂，消灭越冬病虫； ⑤在暖地于落叶后，掘苗定植，定植后注意防止干旱； ⑥采收后加工柿饼、柿脯等。

主要参考文献

龚榜初，王劲风，吴开云．1992．日本甜柿砧木类型选择研究．林业科学研究，5（6）．

龚榜初，王劲风．1997．柿不同砧木生物学特性研究．经济林研究，1．

龚榜初主编．2008．图说柿子高效栽培技术．杭州：浙江科学技术出版社．

龚榜初．2000．柿花粉生活力及雌花可授期．经济林研究，1．

龚榜初．2002．甜柿早实优质高产栽培技术中试．经济林研究，20（4）．

龚榜初．2007．富有柿优质高效栽培技术．林业科技开发，3．

胡青素，谭晓风，龚榜初．2010．不同套袋处理对甜柿果实品质的影响．林业科学研究，2．

阮逸，龚榜初编著．2002．红柿．北京：中国林业出版社．

王劲风，龚榜初，吴开云．1993．富有柿嫁接砧木选择的研究．林业科技通讯，11．

王劲风，龚榜初，吴开云．1996．甜柿生育规律及其早实丰产栽培试验．林业科学研究，9（5）．

王劲风等主编．1995．甜柿引种栽培．北京：中国农业出版社．

王仁梓，杨勇编著．2007．甜柿标准化生产技术．北京：金盾出版社．

王仁梓编著．2009．图说柿高效栽培关键技术．北京：金盾出版社．

王元裕，龚榜初．1997．浙江效益农业百科全书—柿．杭州：浙江科学技术出版社．

杨勇，王仁梓主编．2005．甜柿栽培新技术．西安：西北农林科技大学出版社．